新工科教育创新改革系列丛书

创新基础与创新思维

主编　刘莉莉
副主编　董作霖　刘　刚　杨雪莲

北京航空航天大学出版社

内 容 简 介

本书是一门理论指导实践、方法性比较强的创新课教材，注重原理与方法的融合，强调理论与案例相合，对大学生开展创新实践具有很强的指导作用。本书前4章是创新基础部分，主要介绍创新的本质和途径、创新方法的类型、思维导图、创新设计思维及"互联网＋"思维等内容，顺应"大众创业、万众创新"的时代潮流，有助于学生参与各类创新创业大赛；后4章是创新思维训练部分，主要讲述发明问题解决理论（TRIZ）的基本创新原理与方法，重点阐释了40个发明原理、技术矛盾和物理矛盾及其解决原理、TRIZ创新思维与方法及因果链分析，让学生了解运用TRIZ基本方法开展创新活动的基本步骤和流程，培养学生的发明创造与技术创新的思维与能力。通过该课程的学习，可以提高学生运用创新方法发现、分析并解决实际问题的能力，有助于学生打开创新之门，帮助大学生提升自身的发明创新素质。

本书可作为大学本科生、研究生教材，也可供企业工程技术人员、研发人员、管理人员、MBA学生参考。

图书在版编目（CIP）数据

创新基础与创新思维 / 刘莉莉主编 . -- 北京：北京航空航天大学出版社，2021.10

（新工科教育创新改革系列丛书）

ISBN 978－7－5124－3614－5

Ⅰ.①创… Ⅱ.①刘… Ⅲ.①创造教育－教育研究－工科院校 Ⅳ.①G640

中国版本图书馆 CIP 数据核字(2021)第 213804 号

版权所有，侵权必究。

创新基础与创新思维
主编　刘莉莉
副主编　董作霖　刘　刚　杨雪莲
策划编辑　董宜斌　　责任编辑　周华玲

＊

北京航空航天大学出版社出版发行
北京市海淀区学院路 37 号（邮编 100191）　http://www.buaapress.com.cn
发行部电话：(010)82317024　传真：(010)82328026
读者信箱：copyrights@buaacm.com.cn　邮购电话：(010)82316936
涿州市新华印刷有限公司印装　各地书店经销

＊

开本：710×1 000　1/16　印张：14.75　字数：332 千字
2022 年 1 月第 1 版　2023 年 8 月第 3 次印刷
ISBN 978－7－5124－3614－5　定价：59.00 元

若本书有倒页、脱页、缺页等印装质量问题，请与本社发行部联系调换。联系电话：(010)82317024

新工科教育创新改革系列丛书

新工科教育创新改革系列丛书系河南省高等教育教学改革研究项目"先进制造业强省背景下应用型高校新工科卓越工程人才培养体系的研究与实践"[2019SJGLX160]、河南省新工科研究与实践项目"新工科视域下电子信息类专业创新创业教育课程体系研究与实践"[2020JGLX086]、河南省高等教育教学改革研究项目"应用型本科院校创新创业教育改革的研究与实践"[2019SJGLX611]成果。

新工科教育创新改革系列丛书编委会

主　编： 刘莉莉

副主编： 董作霖　姚永刚　郭祖华

编　委：

程雪利	褚有众	康玉辉	刘　丹	刘　刚	孙　冬
孙　波	王　栋	王玉萍	杨雪莲	杨其锋	张清叶

参编人员：

迟明路	陈修铭	陈荣尚	陈学锋	常帅兵	丁海波
刁修慧	段翠芳	冯　婕	郭朝博	郭战永	葛　焱
耿　磊	何朦凡	侯锁军	靳静波	刘玉堂	刘慧芳
李敬伟	李景阳	李金花	李金玉	李扬波	李　坤
李慧芳	李发闯	李　燕	马同伟	马世霞	马秉馨
马天凤	毛　强	璩晶磊	司媛媛	王　珂	王党生
王强胜	王　敏	杨　航	闫雷兵	翟海庆	张　茜
张英争	赵卫康	赵　梦	赵向阳	朱亚宁	朱松梅

前　言

创新是引领发展的第一动力,是建设现代化经济体系的战略支撑。为加快建设创新型国家,党的十九大报告进一步明确了创新在引领经济社会发展中的重要地位,标志着创新驱动作为一项基本国策,在新时代中国发展的行程上,将发挥越来越显著的战略支撑作用。

近些年,我国着重实施创新驱动战略,在创新型国家的建设中,天宫遨游、蛟龙潜海、天眼望星、悟空探测、墨子通信等一大批重大科技成果相继问世,这是我国创新成果的新纪录。这些超越了自己、实现了突破、代表了前沿或领先于国际的科技成果,使我们能够从一个长期以来在科技领域处于追赶者的中青角色逐渐转化为与先进国家并驾齐驱甚至在某些领域开始处于领跑者的角色,推动着以高铁、核电等为代表的中国制造将先进产能输送出去,促进了中国经济向中高端迈进。

创新是国家持续发展的动力源泉。创新对个人来说,也同样十分重要。因此,需要科学理论的指导、循序渐进的培养、融合专业的实践。在国务院《关于深化高等学校创新创业教育改革的实施意见》中,明确要求建立健全集创新创业课程教学、自主学习、结合实践、指导帮扶、文化引领于一体的高校创新创业教育体系,实现人才培养质量显著提升。

多年来,河南工学院一直将大学生"创新基础""创新思维训练"课程作为本科大一新生的必修课,本书就是为适应本科学生创新思维培养而编写的。本书着重从应用型本科院校学生的特点和需求着手,引入大量创新方法和贴近学生专业的应用案例,增强学生对创新思维和创新方法的理解和掌握,达到激发学生潜在创新能力的目的。

本书由刘莉莉担任主编,董作霖、刘刚、杨雪莲担任副主编,李发闯、璩晶磊、迟明路、郭朝博、毛强、常帅兵为参编。具体分工如下:刘刚编写第1章,杨雪莲编写第2章,李发闯编写第3章,璩晶磊编写第4章,迟明路编写第5章,郭朝博编写第6章,毛强编写第7章,常帅兵编写第8章。

本书在编写过程中,借鉴了大量国内外学者的研究成果,在此,我们向有关专家学者、作者致以衷心的感谢!

由于编者水平有限,书中不当和疏漏之处在所难免,恩请学术同仁与广大读者批评指正。

编　者
2021年9月于新乡

目 录

第1章 创新的本质与创新途径 1

- 1.1 创新创业教育 1
  - 1.1.1 创新创业概述 1
  - 1.1.2 创新创业的关系 2
  - 1.1.3 当前国内外创新创业教育情况 3
  - 1.1.4 "大众创业、万众创新"下的创新创业教育 4
  - 1.1.5 创新方法和创新思维在大学创新创业教育中的作用 5
- 1.2 创新能力的含义及培养 6
  - 1.2.1 创新能力的含义 6
  - 1.2.2 创新能力的培养 6
- 1.3 创新的特征与类型 8
  - 1.3.1 创新的特征 8
  - 1.3.2 创新的类型 9
- 1.4 创新思维的含义、特征和思维定势 10
  - 1.4.1 思 维 10
  - 1.4.2 创新思维 10
  - 1.4.3 创新思维的特征 13
  - 1.4.4 思维定势 15
- 1.5 方向性思维 16
  - 1.5.1 发散思维与收敛思维 16
  - 1.5.2 正向思维与逆向思维 20
  - 1.5.3 横向思维与纵向思维 22
- 1.6 形象思维 26
  - 1.6.1 想象思维 27
  - 1.6.2 联想思维 31
  - 1.6.3 直觉思维 33

第2章 创新方法的类型 36

- 2.1 创新方法概述 36
  - 2.1.1 创新方法的含义 36
  - 2.1.2 创新方法的三个发展阶段 36

2.2　头脑风暴法 ·· 37
　　　　2.2.1　头脑风暴法原理 ·· 37
　　　　2.2.2　实施流程 ·· 38
　　2.3　设问法 ··· 39
　　　　2.3.1　奥斯本检核表法 ·· 39
　　　　2.3.2　和田十二法 ·· 46
　　2.4　类比法 ··· 53
　　　　2.4.1　形态类比 ·· 53
　　　　2.4.2　结构类比 ·· 54
　　　　2.4.3　功能类比 ·· 54
　　2.5　组合分解法 ·· 55
　　　　2.5.1　形态分析法 ·· 56
　　　　2.5.2　信息交合法 ·· 58
　　　　2.5.3　主体附加法 ·· 60
　　　　2.5.4　分解法 ·· 61

第3章　思维导图与六顶思考帽 ··· 64
　　3.1　思维导图 ··· 64
　　　　3.1.1　什么是思维导图 ·· 64
　　　　3.1.2　思维导图的特点 ·· 65
　　　　3.1.3　思维导图的绘制流程、注意事项及应用 ········· 68
　　3.2　六顶思考帽 ·· 74
　　　　3.2.1　六顶思考帽概述 ·· 74
　　　　3.2.2　六顶思考帽的原理 ·· 77
　　　　3.2.3　六顶思考帽的应用 ·· 81

第4章　创新设计思维 ·· 84
　　4.1　设计思维的概念 ·· 84
　　　　4.1.1　设计思维的定义 ·· 84
　　　　4.1.2　设计思维的发展历史 ·· 85
　　　　4.1.3　设计思维的学科基础 ·· 87
　　4.2　创新设计思维 ·· 88
　　　　4.2.1　创新设计思维模式 ·· 88
　　　　4.2.2　创新设计思维的目标 ·· 90
　　　　4.2.3　创新设计思维的三要素 ···································· 90
　　　　4.2.4　创新设计思维与设计思维的区别 ···················· 91
　　4.3　形成创新设计思维的方法：因素分解法 ··············· 91

4.4 创新设计思维工具 ·· 93
    4.4.1 5W2H 深度追问法 ·· 93
    4.4.2 鱼骨图法 ··· 96
4.5 创新设计思维的步骤 ·· 100
4.6 互联网思维 ·· 101
    4.6.1 互联网思维的定义和内涵 ·· 101
    4.6.2 互联网思维模式 ·· 102
4.7 "互联网+"及其应用 ·· 106
    4.7.1 "互联网+"的概念 ··· 106
    4.7.2 "互联网+"的主要特征 ··· 107
    4.7.3 "互联网+"和"+互联网"的区别 ··· 107
    4.7.4 "互联网+"的主要应用 ··· 108
    4.7.5 "互联网+"大学生创新创业 ··· 112

第 5 章 TRIZ 创新方法概论 ·· 117

5.1 TRIZ 的起源与发展 ·· 117
    5.1.1 TRIZ 的发展历史 ·· 119
    5.1.2 TRIZ 未来的发展 ·· 122
5.2 TRIZ 的体系结构 ··· 124
5.3 发明问题等级划分 ··· 127
    5.3.1 发明的创新水平 ·· 127
    5.3.2 发明问题等级划分的方法与 TRIZ 的适用范围 ·································· 129
    5.3.3 发明问题等级划分的意义 ·· 132
5.4 TRIZ 的应用 ··· 133

第 6 章 40 个发明原理 ·· 136

6.1 发明原理概述 ··· 136
6.2 40 个发明原理详解 ·· 137

第 7 章 技术矛盾与物理矛盾 ··· 173

7.1 矛盾及其分类 ··· 173
    7.1.1 技术矛盾 ··· 173
    7.1.2 物理矛盾 ··· 176
7.2 通用工程参数 ··· 177
7.3 技术矛盾解决原理及案例分析 ·· 180
    7.3.1 矛盾矩阵 ··· 180
    7.3.2 运用矛盾矩阵解决技术矛盾的步骤 ·· 191

7.3.3 案例分析 ·· 192
　7.4 物理矛盾解决原理及案例分析 ····································· 193
　　　7.4.1 分离原理 ·· 193
　　　7.4.2 运用分离原理解决物理矛盾的步骤 ·························· 195
　　　7.4.3 案例分析 ·· 196
　7.5 技术矛盾与物理矛盾的关系 ·· 196

第8章 TRIZ创新思维方法　　　　　　　　　　　　　　　　　　198

　8.1 九屏幕法 ··· 198
　　　8.1.1 系统思维 ·· 198
　　　8.1.2 "时间"轴和"空间"轴 ····································· 199
　　　8.1.3 系统思维方式 ·· 199
　　　8.1.4 分析方式 ·· 199
　8.2 金鱼法 ··· 201
　　　8.2.1 分析方式 ·· 201
　　　8.2.2 解题流程 ·· 202
　8.3 STC算子法 ··· 204
　　　8.3.1 目　的 ·· 205
　　　8.3.2 分析过程 ·· 205
　　　8.3.3 技　巧 ·· 206
　　　8.3.4 使用STC算子法思考问题时经常出现的错误 ·················· 206
　　　8.3.5 STC算子法的作用 ······································· 209
　8.4 资源分析法 ··· 209
　　　资源分析 ·· 210
　8.5 小人法 ··· 211
　　　8.5.1 应用目的及步骤 ·· 212
　　　8.5.2 应用时的作用及常见错误 ································ 212
　8.6 IFR法 ·· 216
　　　8.6.1 理想化和理想度 ·· 217
　　　8.6.2 理想化的两种方法 ······································ 218
　　　8.6.3 IFR法的流程 ··· 219
　8.7 因果分析法 ··· 221
　　　8.7.1 因果链分析法 ·· 221
　　　8.7.2 5W分析法 ··· 222
　　　8.7.3 鱼骨图分析法 ·· 223
　　　8.7.4 要因的确定方法 ·· 223

参考文献 ··· 226

第 1 章　创新的本质与创新途径

人类文明的发展史是一部不断创新的历史,人类生存和生活的本质就是创新。

1.1　创新创业教育

1.1.1　创新创业概述

创新,是创造之前未有的东西或事物,汉语词典中为破旧立新,英文单词为 Innovation,源自古拉丁语,原意有三:第一,更新;第二,创造新的东西;第三,改变。该词最早出现在《经济发展理论》一书中,经济学者熊彼得认为,创新相当于建立一个新的生产函数,生产函数中参数要素的变化,会引起生产要素的重新组合,进而形成推动社会经济发展的动力。20世纪中期,美国管理学学者德鲁克将创新引入管理学领域,他认为创新是一种创造财富的能力。

目前,创新可以分为广义的创新和狭义的创新。从狭义的角度来说,创新主要是对技术、产品、方法等的改进和发明,通过对技术、产品、方法的创新推动社会经济的发展。广义的创新则是"更多地着眼于思维层面的锐意进取、勇于开拓的精神和态度转化的一种创造,是对原有的重新打乱与组合,是在技术知识或思想层面的创新,还包括科技含量极低甚至是'零科技'的创新"。

创业,即开创建立基业、事业,国内学者认为,创业是"在职业和事业中进行的创业性劳动,创造新价值",这里的"业",指职业和事业。创业也有狭义和广义之分。狭义的创业,顾名思义,就是创造建立新企业。广义的创业,就是"开创新事业",是创造价值的过程。创业的本质是创造价值,这种价值包括经济价值、社会价值、人生价值等。创业不仅存在于商业领域,调用各种资源机会并将其转换为经济价值和财富,而且同样存在于社会领域,体现社会价值和个体价值。

【例 1.1】　创新驱动"小米模式"

在小米科技创立之初,小米科技创始人雷军就以使用真材实料做质高价优、接近成本定价的商业策略布局了小米的市场,从而给用户带来较大的触动感,并使小米手机在用户心中形成一定的认知优势,最终驱动小米手机销量的爆发式增长。

2015年,线上市场遭遇瓶颈,小米公司又开始提新零售,尝试用互联网的方法做实体零售。2016年开始小米积极探索线下渠道,开设"小米之家"零售店。在毫无先例可循、完全自主实践的情况下,经过一年多时间的探索,雷军2016年公开表示,小米之家的坪效(坪效:每坪的面积可以产出多少营业额)高达27万元人民币,居全球第二位,仅次于苹果公司,比目前市面上大多数奢侈品店的坪效都要高得多,比国内平均水平高20倍以上。2017年,"小米之家"已达216家,未来三年计划开设超过1 000家。

事实上,在"创新驱动发展"以文件形式被确定为国家发展战略的背景下,创新已成为推动我国经济转型升级的新增长点、企业发展的新动能。

多年来,小米始终坚持以"互联网+"带动中国制造业转型升级并作为企业的发展方向。小米将互联网的效率和体验优势赋能到制造业领域,重视核心技术创新和设计,用线上线下结合的新零售模式提升商业效率。此外,小米通过大数据和人工智能的技术运用,将供给侧与消费者紧密连接,做到互通互联、实时互动,激发消费活力。

1.1.2 创新创业的关系

创新与创业之间是怎样的一种关系呢?经济学者熊彼特(Schumpeter)认为,创业就是创新。德鲁克(Peter F. Drucker)指出,创业是对创新进行实践的表现形式。首先,创新和创业是一种并行的双生关系,同时两者相互依赖促进。创新和创业是不可分割的有机体,二者缺一不可,具有直接统一性。其次,创新引领创业,创业过程中采取的新产品、新材料、新管理方法都是由创新思维和创新方法作为先导的,由此创业才能获得成功。目前国内创新型企业的发展壮大过程就是一个不断创新的过程,比如华为(见图1-1)、小米、大疆等企业,都是在创新的基础上实现了成功创业。在科学技术飞速发展的今天,没有创新的企业必然会走向失败。创业是创新的表现形式和进行创新实践的载体。创新所取得的成果需要由创业者转化为生产力,创业的过程中又会出现新

图1-1 华为跻身全球最具创新力公司前列

的创新成果,从而实现迭代深化创新。

1.1.3 当前国内外创新创业教育情况

美国是最早在大学教育中增加创新创业教育的国家之一,其中百森商学院走在了创新创业教育的前列。在课程体系设置方面,百森商学院在本科生和研究生课程中均设置了创新创业方面的选修课和必修课;课程内容方面是将商业方面的专业知识和通识教育有机结合,此外还增加了创新创业教学案例、创业实践模拟、创业竞赛等课程环节。另外,百森商学院每年还举办创业研讨会,教授和学生会多方位讨论典型创新创业案例。斯坦福大学的创新创业教育也非常著名,学生在接受创新创业教育的同时,还积极发起并创办各种创业俱乐部,组织各种创业论坛,参观硅谷企业,与企业家和投资家座谈。另外,斯坦福大学每年还举办大学创业计划大赛,每个学期都有详细的活动安排,由斯坦福大学商学院创业研究中心负责指导。斯坦福大学的创新创业教育支撑了美国硅谷的发展,许多一流企业的 CEO 均来自斯坦福大学,比如 Cisco、EBay、Gap、Google、Nike 等数以百计的美国知名上市公司均是斯坦福大学毕业生的杰作(见图 1-2)。

图 1-2 硅谷著名的科技公司

我国创新创业教育开始于20世纪80年代,随着改革开放和社会经济发展的驱动,创新创业教育和研究引起了广泛的关注。清华大学经济管理学院建立了创新创业教育研究中心,开设了全校选修课"科技创业理论与实际",并且建设了双创教育平台,由学生社团和学生科协一起组织创新讲座,邀请世界著名的创新型企业高层参与讲座。浙江大学也建立了相对完善的创业教育模式,在课堂教学方面,本硕博三个层面均开设了创新创业理论课程,同时,浙江大学还设置了创新创业教育的研究机构,针对学生创业管理和创业教育进行学术研究;浙江大学同样拥有多个与双创相关的学生社团,例如创业者协会、创新创业中心、未来企业家俱乐部等;此外,浙江大学还组织了丰富的双创竞赛,如学生创业计划竞赛、求是强鹰成长计划大赛等,在竞赛中浙江大学邀请著名科技企业精英参与,比如在"2018浙江大学创新创业活动周"中,奇虎360周鸿祎、吉利集团总裁刘金良、小米洪华分别进行了创新创业主题演讲(见图1-3)。浙江大学在学校层面上建立了大学科技园、科技创业服务平台,成立了创业种子基金会,提供了完善的帮扶政策;在外围环境上,浙江大学积极与地方政府、教育主管部门、学术研究机构、创业论坛、风险投资机构、创业孵化器等单位和机构合作,为学生创新创业拓宽边界,提供丰富的资源。

图1-3 2018年浙江大学创新创业活动周邀请科技精英参与

1.1.4 "大众创业、万众创新"下的创新创业教育

随着创新型国家体系建设的开展,大学生创新创业教育面临着时代的挑战。同时,越来越多的大学生意识到只有具备创新方法和创新思维才能在当前激烈的社会竞争和快速变化的世界中站稳脚跟,越来越多的大学生也开始尝试自主创业。大学生创业得到了政府、社会、高校等各方的重视和政策支持。

党的十七大提出"提高自主创新能力,建设创新型国家"和"促进以创业带动就业"的发展战略,接着"大众创业、万众创新"被称为中国经济的"新引擎",近年来创新创业已经上升到国家发展战略层面。大学生创新创业教育是建设国家创新体系的重要环节之一,依靠创新创业体系培养创新创业人才,从而带动和促进全社会的创新创业活动,推动国家经济的发展。2010年5月,教育部发布了《教育部关于大力推进高等学校创新创业教育和大学生自主创业工作的意见》(下文简称为"教办〔2010〕3号"),指出高校要加强课程体系、师资队伍、创业基地建设等,这是高校开展与发展创新创业教育的关键。2015年5月,在国务院办公厅下发的《国务院办公厅关于深化高等学校创新创业教育改革的实施意见》中指出,2015年起全面对创新创业教育进行深化改革。2015年12月,教育部发文要求从2016年起"所有高校都要设置创新创业教育课程"。2018年9月,国务院发布《关于推动创新创业高质量发展 打造"双创"升级版的意见》,文件要求创业导师制要在高校得到实施和推广;对课程设计进行改革,将创新创业教育和实践课程都设置成必修课;允许毕业生依靠自己的创新创业成果申请毕业答辩。通过一系列政策可以看出,中国大学生的创新创业教育得到了广泛的关注和支持。2020年10月,中共中央、国务院印发的《深化新时代教育评价改革总体方案》再次强调,"兴办人民满意的教育"。人民对教育是否满意,关键是受教育者——学生对教育是否满意。具体到创新创业教育而言,关键就是学生对创新创业教育是否满意。

1.1.5 创新方法和创新思维在大学创新创业教育中的作用

2006年,我国著名科学家王大珩、刘东生、叶笃正联名向温家宝总理提出《关于加强创新方法的建议》,指出我国创新方法相对薄弱,这是制约自主创新、建设创新型国家的源头问题。温家宝总理为此做出批示:"自主创新,方法先行"。

2008年4月,国家科学技术部、发展改革委员会、教育部与中国科学技术协会联合发布了《关于加强创新方法工作的若干意见》(以下简称《意见》),希望通过加强创新方法的研究与开发工作,切实推进创新方法的普及与应用,从源头上推进创新型国家建设,提高技术创新水平,培育创新型人才。《意见》指出:"创新方法工作要强化机制创新、管理创新与体制创新,积极营造良好的创新环境,形成全社会关注创新、学习创新、勇于创新的良好社会氛围。建立有利于创新型人才培育的素质教育体系,培养一大批掌握科学思维、科学方法和科学工具的创新型人才,催生一批具有自主知识产权的科学方法和科学工具,培育一批拥有自主知识产权和持续创新能力的创新型企业。为自主创新战略、建设创新型国家提供强有力的人才、方法和工具支撑,大幅提升国家核心竞争力"。2013年5月,教育部设立高等学校创新方法教学指导分委员会,主要工作是负责开展全国高校创新方法教学的研究、咨询、指导、评估、服务等工作。分委员会委员主要由同济大学、大连理工大学、清华大学等20余所在创新方法研究方面开展和实施较好的高校专家组成。2020年9月11日,习近平总书记就"十四五"时期科技事业发展在京主持召开科学家座谈会,施一公、付巧妹、徐匡迪等人结合各自领域提出多个有价值的建议,习近平总书记指出:"十八大以来,全国高度重视科技创新工作,坚持把创新作为引领发展的第一动力"。推动高质量发展需要加快科技创新,当前国内外环境变化深刻复杂,对加快科技创新提出了更加迫切的要求。要继续坚持走中国自主创新道路,坚定抓创新就是抓发展、谋创新就是谋未来的观念,准确找到科技创新主攻方向和突破口,奋力打通关键技术阻碍,努力迈进世界创新强国行列。

创新方法和创新思维训练均是创新创业教育的重要手段,涉及科学思维、科学方法和科学工具等方面,是创新创业人才培养体系中的重要基础。

1.2 创新能力的含义及培养

1.2.1 创新能力的含义

创新能力,是在具备一定的知识和经验的基础上,人们进行联想和反思,进而提出新想法和新观点,并将新想法和新观点用于创造性地解决问题的能力。这种综合能力主要包括四个维度:想象力、批判思维能力、知识运用能力及解决问题的能力。在此基础上,可知大学生的创新能力就是大学生在进行实践过程中所表现出的一种综合能力,这种能力包括了想象力、批判思维能力、知识运用能力和解决问题的能力。

想象力是人们将已经获得的知识或者思维进行再处理,构成新的思考方式和知识框架的一种能力;批判性思维能力是指能够独立地分析和评价已有的知识,并提出具有建设性的改进意见,包括主动思考、提出质疑、给出建议、好奇心和自信心;知识运用能力等同于知识应用能力,是在吸收知识的基础上将这些习得的知识加以运用和实践的能力,包含领会知识、巩固知识和运用知识这一系列过程;解决问题的能力是通过认识问题的本质、正确理解问题本身并提出解决方案,通过对这些方案进行比较和评估来解决问题的能力。

1.2.2 创新能力的培养

培养创新能力需要注意以下几个方面:创新意识、创新方法、创新精神、创新思维等。

创新方法是创新能力培养的重要因素。创新人才需要具备一定的专业学科知识或专业基础知识,因为任何创新都无法脱离原有的知识结构而凭空产生。大学生在创新时不仅要对新的知识加以理解,而且需要将新知识和自身原有知识体系融为一体。

创新方法是创新思维在创新实践层面的表现,是创新主体实现的有效途径。创新方法和创新思维是相辅相成、相互促进的。学生在学习了良好的创新方法并会灵活应用后,就可以培养和提升学生的创新思维;创新思维的成熟和发展,会促进创新主体新的创新方法的形成。

从大学生创新能力的发展和培养的规律来看,创新主体的创新精神和创新思维是创新能力培养体系的核心。创新精神并非天生具备,而是源自后天培养,这种精神需要社会和高校培养,并帮助大学生养成正确的创新价值观。

【例 1.2】 沪江网——伏彩瑞

互联网教育,这个与互联网金融一起列入上海市政府专题课题之一的行业,如今不断吸引大量创业者涌入,但在十几年前却少有人关注。2001年,尚是英语专业大三学生的伏彩瑞发现,很多人有在网上学外语的需求,他虽没受过专业训练,但自学过编程,熟悉网页制作,凭着对互联网极大的兴趣以及当时坚定的信念"互联网不应该只被用在玩乐上",因此他搭建了一个校园论坛——沪江语林,这便是沪江网的前身。

2006年伏彩瑞研究生毕业时,他面临着是高薪进入外企工作,还是坚持把沪江网做下去,走一条从来没有人走过的互联网教育创业之路,他毅然选择了后者。伏彩瑞和同学、朋友一共8个人,倾尽全力拼凑了8万元,并奔波于各个银行,租借办公场所,开始了公司化运作,也开始了沪江网的创业经历。因为他们是一群有互联网教育理想的人,他们坚信互联网将会改变中国的教育!

创业历程一度让伏彩瑞和伙伴们感到孤独和艰辛。首先,在公司成立后的很长一段时间运作都比较艰难。起初的8个人每个人都发挥"一专多能",技术人员既会做美工,又会写程序;编辑既会编排内容,又会做技术;销售既能做推销,还能做客服。其次,当行业还未兴起时,他们发现在各方面的合作都不顺畅。最困难的时期伏彩瑞还曾找公司员工借过钱。但他从未放弃,在2008、2009年金融危机最严重期间,伏彩瑞认识到这时的危机有危也有机。他带着团队在国内首创了互动外语学习平台——沪江网校,引入"学校"概念,首创"同桌""助教"系统,推出答疑区、讨论区等丰富的互动形式,引领互联网学习新潮流,迅速成为了中国用户量级最大、最受欢迎的在线教育平台之一,被誉为一场学习的革命。随着移动互联网的不断兴起,他又带着团队推出了移动网校等移动产品,短短两年时间便汇聚了超过五千万移动学习者,让人们学习更方便。

伏彩瑞先后荣获第十届"上海IT青年十大新锐"、2012年度上海青年五四奖章、2013年度浦东"十佳文化创意企业领军人物"、2014年度上海领军人才等称号。作为新业态、新模式、新技术创业代表,伏彩瑞还积极帮助和带动更多青年投身创业。他担任青年创业导师,参与共青团创新创业活动;发起成立国内首个"互联网教育创业基地"和"中国首支互联网教育产业基金——互元基金",帮助更多优秀的国内互联网文化创意产业破土而出,实现产业集群式发展。

13年的创业经历,他与企业一起克服了重重困难,面临过种种诱惑,但从未动摇,一直专注于互联网教育产业。他说:"创业就是一条没有光,却只能前行的路。创业者逢山要开道,遇水要搭桥,什么都必须以开天辟地、势如破竹之势去开创,虽然一路干下来挺辛苦的,可是只要还有成功的可能性,那就要选择坚持!"

他认为,互联网改变了购物、传媒、金融等行业,也正在改变教育行业,互联网教育的春天才刚来到。未来他将努力创造更便利的教育机会、更丰富的教育资源,让学习变得更简单、更有效、更快乐!

资料来源:http://dangjian.people.com.cn/n/2015/0317/c394844.26707431.html。

1.3 创新的特征与类型

1.3.1 创新的特征

创新的特征包括目的性、突破性、新颖性、普遍性、艰巨性、发展性、价值性等方面。

1. 目的性

目的性是指人类在生存和发展的过程中会出现各种问题,因此需要人类通过创新来解决问题,以满足人类自身生存与发展的需求。因此,创新是一种具有目的性的实践活动,帮助人类认识世界和改造世界。

2. 突破性

突破性是指创新主体依靠现有的知识体系进行加工处理,从中发现新的关系,并将知识信息优化组合,产生新的成果。创新主体在进行创新的过程中,应该敢于怀疑、批判,并提出问题,进而获得解决问题的灵感,最终获得的解决问题的方法能突破之前的各种成见和思维定势。

3. 新颖性

创新的本质就是求新。创新是把新产生的或者重新组合和再次发现的知识引入所研究对象系统的过程,是引入新概念、新东西和革新的过程,与过去的成果相比,必然具有新的因素和成分。

4. 普遍性

创新存在于各个专业领域,没有哪个学科、行业、领域是一成不变的,任何领域都会发生改变。创新的过程会与社会发生联系,因此创新具有普遍性。

5. 艰巨性

创新的艰巨性来源于两个方面:一个是创新的超前性,创新主体在实施创新的过程中会遇到其他人不理解和不支持的情况,使创新主体会遭受各种压力;另外一个是创新过程的艰难性,没有现成经验可以参考,创新过程需要探索,因此带有不确定性和技术上的难度。

6. 发展性

创新的发展性体现在创造新知识、应用新知识并不断发展知识的过程。知识是创新之源,对知识的创造、应用、再创造、再应用,循环往复、推陈出新、无限发展,从而推动各个领域的创新和发展。

7. 价值性

创新的价值性可以从创新成果的效果来看,创新所获得的成果具有显著的社会价值、经济价值和学术价值。

1.3.2 创新的类型

创新的种类很多,但多以创新的表现形式来划分,具体可以分为:知识创新、技术创新、管理创新、方法创新、制度创新、组织创新、服务创新等。

1. 知识创新

知识创新是指通过科学研究,包括基础研究和应用研究,获得新的基础科学和技术科学知识的过程。知识创新的目的是追求新发现、探索新规律、创立新学说、创造新方法、积累新知识。知识创新是技术创新的基础,是新技术和新发明的源泉,是促进科技进步和经济增长的革命性力量。知识创新为人类认识世界、改造世界提供新理论和新方法,为人类文明进步和社会发展提供不竭动力。

2. 技术创新

技术创新是以创造新技术为目的的创新或以科学技术知识及其创造的资源为基础的创新。前者如创造一种新的激光技术,后者如以现有的激光技术为基础开发一种新产品或新服务,两者常合二为一。技术创新是企业竞争优势的重要来源,是企业可持续发展的重要保障。认识技术创新的本质、特点和规律,是技术创新有效管理的重要前提。

3. 管理创新

管理创新是指组织形成一种创造性思想并将其转换为有用的产品、服务或作业方法的过程,即富有创造力的组织能够不断地将创造性思想转变为某种有用的结果。

4. 方法创新

方法创新就是对现有方法的构成要素进行组合或分解,是在现有方法基础上的进步及在现有方法上的发明和创造。

5. 制度创新

制度创新的核心内容是社会政治、经济和管理等制度的革新,是支配人们行为和相互关系的规则的变更,是组织与其外部环境相互关系的变更,其直接结果是激发人们的创造性和积极性,促使不断创造新的知识和社会资源的合理配置及社会财富源源不断的涌现,最终推动社会的进步。

6. 组织创新

任何组织机构,经过合理的设计并实施后,都不是一成不变的。它们如生物的机体一样,必须随着外部环境和内部条件的变化而不断地进行调整和变革,才能顺利地成长、发展,避免老化和死亡。

7. 服务创新

服务创新就是使潜在用户感受到不同于从前的崭新内容,是指新的设想、新的技术手段转变成新的或者改进的服务方式。

1.4 创新思维的含义、特征和思维定势

1.4.1 思维

为了更好地理解创新思维,有必要先了解什么是思维。

思维是借助语言、表象或动作实现的对客观事物概括的和间接的认识,是认识的高级形式。

思维是对输入的刺激,进行更深层次的加工,它揭示事物之间的关系并形成概念,利用概念进行判断推理,解决人们面临的各种问题。

人们的思维方式不同,对同一问题的思考得出的解决方式也会不同。例如当你和同学打算聚餐时,同学们会把自己想要吃的饭菜的画面在头脑里想象出来,经过考虑以后提出自己的建议,这就是思维活动。但有的同学提议吃火锅,有的同学提议吃川菜,有的同学提议吃粤菜,这就是不同的人思维方式不同,所以对同一问题思考得出的结论就不同。

随着我们的知识以及人生阅历的增长,大脑在解决某个问题时思维维度就会从单一维度转变为多维度。例如,我们小时候看动漫,对动漫角色的评价采取的是"二元论",即某个角色不是好人就是坏人,此时的思维维度是单一的。随着年龄的增长,发现对人的评价由非黑即白转变为"不好判断他是好还是坏的人"或"有时好有时坏的人",这就是我们用多维的思维方式来看待事物,即系统论的观点来认识事物。思维维度的增加有助于我们更全面地认识事物的本质。

不同的人在处理同一问题时所表现的能力不同,其根本原因是人的思维能力不同。因为一个人表现出来的智商和情商,除了知识和经验等因素,还依赖思维方式的正确性。在我们的大学生活中或者学习中可以看到,当遇到突发事件或者棘手的问题时,有些同学有条不紊,能从杂乱的问题中理出头绪,从而迅速地解决问题;而有些同学对问题的处理则是越理越乱,把问题搞得更糟糕。这两者的差别就是思维方法和思维能力的不同。

思维是一种能力,是先天与后天结合、学习与实践结合的综合能力。思维的三要素是智力、知识和才能。智力是天赋与后天教育的统一,是思维的基础,有了智力,通过学习可以使人获得知识,将知识应用于实践,就能培养一个人的才能。

1.4.2 创新思维

创新思维是指以新颖独创的方法解决问题的思维过程,通过这种思维能突破常规思维的界限,以超常规甚至反常规的方法、视角去思考问题,提出与众不同的解决方案,从而产生新颖的、独到的、有社会意义的思维成果。

典型的创新思维活动主要包括以下几种:

1．分析和综合

对事物的分析是思维过程的开始。所谓分析，是通过思想把客观事物分解成若干部分，分析各个部分的特征的作用；所谓综合，是通过思想把事物的各个部分、不同特征、不同作用联系起来。通过分析和综合，可以显露客观事物的本质，并通过语言或文字把它们表达出来。在思维分析、综合中逐步形成人类的语言、文字。

2．比较和概括

在分析和综合的基础上，通过对事物各个部分的外观、特性、特征等的比较，把诸多事物中的一般和特殊区分开来，并以此为基础，确定它们的异同和之间的关系，就称之为概括。在创新过程中，经常采用科学概括，即通过对事物的比较，总结出某一事物和某一系列事物的本质方面的特性。宇宙、自然界、动物、植物、矿物的分类，就是按照其本质特征加以概括分类的。

3．抽象和具体

抽象的前提是比较和概括，通过概括，事物中的本质和非本质的东西已被区分，舍弃非本质的特征，保留本质的特征，就称之为抽象。与抽象的过程相反，具体是指从一般抽象的东西中找出特殊的东西，它能使人们对一般事物中的个别有更加深刻的了解。抽象和具体是创新思考中频繁使用的思维。

4．迁　移

迁移是思维过程中的特有现象，使人的思维发生空间的转移。人们对一些问题的解决经过迁移往往可以促使另一些问题得到解决，例如掌握了数学的基本原理，就有利于了解众多普通科学技术的规律；掌握了创新的基本原理，就有助于了解人工制造产物的演变规律。

5．判断和推理

人们对某个事物肯定或否定的概念，往往都是通过一定的判断和推理过程形成的。判断分为直接判断和间接判断。直接判断属于感知形式，无需深刻的思维活动，通过直觉或动作就可以表达出来，如两个人比较胖瘦，直接就可以判断出来。间接判断是针对一些复杂事物，由于因果、时间、空间条件等方面的影响，必须通过科学的推理才能实现的判断，其中因果关系推理特别重要。判断事物的过程首先是要把外在的影响分离出去，其次是通过一系列的分析、综合和归纳，找出隐蔽的内在因素，从而做出客观准确的判断和推理。

6．想　象

想象是人们在原有感性认识的基础上，在头脑中对各种表现进行改造、重组、设想、猜想而形成新表象的思维过程。爱因斯坦认为，想象比知识更重要、更可贵。有限的是知识，而想象是无限的。正是有了想象，人们才能不断地创造出世界上前所未有的新事物。人们已经逐步认识到，世界上的一切没有做不到，只有想不到。想象分为再造性想象和创造性想象两类。人有修改头脑记忆中表象的能力，根据已有的表述和情景描述

(图样、说明书等)在头脑中形成事物的形象称为再造性想象;不依靠已有的描述,独特地、创造性地产生事物的新形象称为创造性想象。把想象视为超现实的观念并不正确,想象总是在人类改造世界的同时产生的,是对现实表象的优化和提升。

【例1.3】 怀炳和尚捞铁牛(见图1-4)

公元1066年,宋朝英宗年间,黄河发大水,冲垮了河中府(今山西省永济市)城外的浮桥,将两岸岸边用来拴住铁锹的每个重达1万斤的共8个铁牛都冲到了河里。洪水退去以后,为了重建浮桥,需将这8个大铁牛打捞上来。一开始是直接找人潜水,把绳子绑在铁牛上,人在船上拉铁牛,但是铁牛在泥沙里纹丝不动。府衙只好贴了招贤榜,一个叫怀炳的和尚揭了招贤榜。怀炳经过一番调查摸底和反复思考,提出的方法是,在打捞的那一天,他指挥一帮船工,将两条大船装满泥沙,并排靠在一起;同时在两条船之间搭了一个连接架。船划到铁牛沉没的地方后,他叫人潜入水下,把拴在木架上绳子的另一端牢牢地绑在铁牛上。然后船工一边在木架上收紧绳子,一边将船里的泥沙一铲一铲地抛入河中。随着船里的泥沙不断减少,船身向上浮起。当船的浮力超过船身和铁牛的重量时,陷在泥沙中的铁牛浮了起来。这时,通过船的划动,很容易就把铁牛拉到了河边并拉上岸。

面对同一问题,人们采取了不同的思维方式,去寻求解决问题的方法。本案例中第一种解决方案是大多数人习惯使用的思维方式,即利用现有的信息进行分析、综合、判断而产生的解决办法,本质上是通过学习、记忆和记忆迁移的方式去思考问题。这种思维称为习惯性思维。而本例中的怀炳是在已有经验的基础上,寻找另外的途径,从某些事实中探求新思路、发现新关系以解决问题,这就是创新思维。

图1-4 怀炳和尚捞铁牛

1.4.3 创新思维的特征

创新思维既具备一般思维的某些特点,又有属于它自己的特点。其特征主要有以下几个方面:

1. 对传统的突破性

创新思维的最终结果体现在创新。从创新思维的本质看,它是打破传统、常规,开辟新颖、独特的科学思路,升华知识、信念和观念,发现对象之间的新联系、新规律,具有突破性的思维活动。

(1) 突破性体现在创造者突破原有的思维框架

创新思维要求人在思考问题时,要有意识地抛弃头脑中以往思考类似问题所形成的思维程序和模式,排除以往思维程序和模式对寻求新的设想的束缚,对那些默认的假设、陈腐的观点和固化的模式提出挑战和质疑,就可能取得意想不到的成功。

【例1.4】 苏联发射人造卫星

20世纪中期,美国和苏联都已具备了把火箭送上太空的物质和技术条件,相比之下,当时的美国在这方面的实力比苏联更强。但双方都存在一个关键问题:火箭的推力不够,摆脱不了地心的引力,不能把人造卫星送入运行轨道。当时大家都认为,办法只能是再增加火箭串联的数量,以进一步增强推力。美、苏两国的专家都各自想方设法增加火箭数量。可虽然火箭数量增加了,但是仍然无法有效提高火箭的推动力。

后来,苏联的一位青年科学家摆脱了不断增加串联火箭的思维框架,他突破这一思维框架而产生了一个新的设想:只串联上面的两个火箭,下面的火箭改为用20个发动机并联,经过严密的计算、论证和实践检验,这个办法终于获得了成功。这样一来,火箭的初始动力和速度大大增强,达到了足以摆脱地心引力的程度。1957年,苏联抢在美国之前,首先将人造卫星送入太空。

原有的思维框架对人类思考问题有很多好处,能使我们省去许多无谓的摸索、探索,提高思考效率,但有时也会限制人进行创新思考。因此无论是思考如何解决新问题,还是思考如何解决老问题,都需要人跳出原有的思维框架,用新的思考程序和思考步骤进行新的探索、新的尝试。

(2) 突破性还体现在创造者突破已有的思维定势

思维定势可能是过去某一阶段的经验总结,是经过成功的经验或失败的教训得出的"正确思维"。但是当事物的内外环境发生变化时,仍然固守"正确的"定势思维是行不通的,这种定势思维常常对人形成创新思维产生消极的作用。可见,不突破思维定势,就只能被原有的框架所束缚,就不可能激发出创新思维和取得新的成功。

(3) 突破性也体现在超越人类既存的物质文明和精神文明成果上

从超越既存的物质文明成果看,产品的更新换代,就是科技研发人员思维上敢于超越原有产品的结果。

从超越既存的精神文明成果看,爱因斯坦突破了牛顿经典力学的静态宇宙观去思考,创立了狭义相对论。哥白尼"日心说"的提出突破了传统"地心说"理论的束缚。这些重大发现体现了对既存的物质文明成果或精神文明成果的突破。

2. 思维上的新颖性

创新思维是以求异、新颖、独特为目标的。思路上的新颖性表现在思路的选择和思考的技巧上都有独特之处,表现出首创性和开拓性。思路上的新颖性表现在不盲从、不满足现有的方式或方法,需要更多地经过自己的独立思考,形成自己的观点和见解,突破前人成果的束缚,学会用新的眼光去看待问题,从而产生崭新的思维成果。如果缺少独立自主的思考,一切循规蹈矩、照章办事,就不可能产生新颖的思路,更谈不上创新。

3. 程序上的非逻辑性

创新思维往往在超出逻辑思维、出人意料、违反常规的情形下出现,它不严密或暂时说不出什么道理。因此,创新思维的产生常常省略了逻辑推理的许多中间环节,具有跳跃性。

创新思维非逻辑性,由于中间环节的省略而成为飞跃式,显得离谱、神奇。有时,创造者自己对其也感到不理解。例如,当德国科学家普朗克首创量子假说时,连他自己也感到茫然不知所措,甚至怀疑这个假说的真实性。

"眉头一皱,计上心来",急中生智就是创新思维非逻辑性的典型表现。唐代大诗人李白被称作诗仙,他借酒助兴,诗如泉涌;词作家乔羽在书房写作,抬头忽见一只蝴蝶飞来,瞬间又飞去,这一现象使他几天寝不安席,借助这一现象触发灵感,创作出了著名歌曲《思念》。

在创新活动中,常常用到直觉思维。事实上,许多伟大发现都是直觉思维的结果,当然这种非逻辑性的思维需要丰富的知识和经验作为基础。

需要指出的是,创新思维的过程往往既包含逻辑思维,又包含非逻辑思维,是两者相结合的过程。

在创新思维活动中,新观念的提出、问题的突破,往往表现为从"逻辑的中断"到"思想的飞跃"。这通常伴随着直觉、顿悟和灵感,从而使创新思维具有超常的预感力和洞察力。

4. 视角上的灵活性

创新思维表现为视角能随着条件的变化而转变,能摆脱思维定势带来的消极影响,善于变换视角看待同一问题,善于变通与转化,重新解释信息。它反对一成不变的教条,而是提倡根据不同的对象和条件,具体情况具体对待,灵活应用各种思维方式。

创新视角多种多样,我们要学会转化视角,不同的视角会得出不同的结论。俗话说"公说公有理,婆说婆有理"就是这个道理。换一个角度,换一种思维,或许一切都会有所不同,或许整个世界都明亮了。

历史上有许多发明,都是在犯错误之后"将错就错"的产物。例如,某个造纸厂因为配方出错,造出的纸非常地吸墨而无法写字。有个工程师用肯定的视角看待这件事,开发出了吸墨纸。

所以,当众人都在欢呼成功时,你采用"肯定视角",那没多大意义;而当众人都在叹息失败时,你能够采用"肯定视角",这本身就是一种创新思考。

5. 内容上的综合性

创造性活动是在前人基础上进行的,必须综合利用他人的思维成果。科学技术发展史一再表明,谁能高度综合利用前人的思维成果,谁就能取胜,就能取得更多的突破,做出更多的贡献。在技术领域,综合结出的硕果更是到处可见。例如,华为除了具有特有的5G技术专利外,还拥有超过10万项的技术专利,华为的产品就是在众多专利基础上发展起来的。因此,可以说:综合就是创造。

1.4.4 思维定势

如果一个人的思维在长期从事的事情或者日常生活中对经常发生的事物产生惯性,多次以惯性思维来对待客观事物,就会形成固定的思维模式,这种模式称为"思维定势"。所谓思维定势,即按照之前的生活经验或者知识积累而成的思维活动、经验教训,在反复使用中形成了比较固定的思维路线。在处理问题时,达到在进行筛选信息、分析问题、做出结论的时候,自觉或不自觉地按照之前熟悉的、固定的思维方向和路径进行思考,无法摆脱之前已有"框架"的束缚。

【例1.5】 人像识别

苏联心理学家曾做过这样一个关于"思维定势"的实验:研究者向参加实验的两组大学生出示同一张照片,但在出示照片前,对第一组学生说:这个人是一个无恶不作的罪犯;对第二组学生却说:这个人是一位大科学家。然后他让两组学生各自用文字描述照片上这个人的相貌。

第一组学生的描述是:深陷的双眼表明他内心充满仇恨,突出的下巴证明他沿着犯罪道路顽抗到底的决心。

第二组学生的描述是:深陷的双眼表明此人思想的深度,突出的下巴表明此人在科学问题研究方面具有很强的韧性。

对同一个人的评价,仅仅因为先前得到的关于此人身份的不同提示,就得到如此戏剧性的差异描述,可见思维定势对人认识过程的巨大影响!

【例1.6】 阿西莫夫的故事

阿西莫夫是美籍俄国人,世界著名的科普学家。他曾经讲过这样一个关于自己的故事:

阿西莫夫从小就很聪明,年轻时多次参加"智商测试",得分总在160分左右,属于"天赋极高"之人。有一次,他遇到一位汽车修理工,是他的老熟人。

汽车修理工对阿西莫夫说:"嗨,博士,我来考考你的智商,出一道思考题,看你能不能回答正确。"阿西莫夫点头同意。修理工开始说题:"有一位聋哑人,想买几根钉子,就来到五金店,对售货员做了这样一个手势:左手食指立在柜台上,右手握拳做出敲击的样子。售货员见状,先给他拿来一把锤子。聋哑人摇摇头。于是售货员明白了,他想买的是钉子。"

"聋哑人买好钉子,刚走出商店,接着进来一位盲人。这位盲人想买一把剪刀,请问:盲人将会怎样做?"

阿西莫夫顺口答道:"盲人肯定会这样",他伸出食指和中指,做出剪刀的形状。

听了阿西莫夫的回答,汽车修理工开心地笑起来,说:"哈哈,答错了吧! 盲人想买剪刀,只要开口说'我买剪刀'就行了,他为什么要做手势呢?"

阿西莫夫只得承认自己回答得很蠢。而那位修理工在问他之前就认定他肯定要答错,因为阿西莫夫"所受教育太多了,不可能很聪明"。实际上,修理工所说的受教育太多和不可能聪明之间的关系,并不是因为学的知识多了反而变笨了,而是因为人的知识和经验多了,就会在头脑中形成较多的思维定势。这种思维定势会束缚人的思维,使思维按照固有的路径展开。

思维定势通常有两种表现形式:适合思维定势和错觉思维定势。前者是人们在处理事情时,能迅速感知现实环境中的情况并做出正确的反应。后者是人们由于意识不清,对现实环境中的事物感知错误,并做出错误的结论。思维定势有时有助于问题的解决,有时则会妨碍问题的解决。

可见,在处理问题时,保持思维定势,就会使我们思维僵化,产生惰性,从而养成呆板、机械、千篇一律的处理问题的方式。但是当新问题形似质异时,思维的定势就会使问题处理者步入误区。当问题情境发生变化,思维定势则会妨碍人们进行多维度思考,做出新决策。因此,这种消极的思维定势会束缚人的创造性思维,我们需要打破这种定势,进行创新思维训练。

1.5 方向性思维

思维是人脑对客观事物的概括和间接的反映过程。把人们开展思维时的趋势或思路作为一个形象化的比喻,可将其比作思维方向。按照思路的开展方向,可以称为方向性思维。方向性思维包括发散思维与收敛思维、正向思维与逆向思维、横向思维与纵向思维等。

1.5.1 发散思维与收敛思维

20世纪60年代,美国心理学家吉尔福特出版了《人类智力的本质》一书,在书中吉尔福特提出了发散性加工和收敛性加工的概念。发散性加工被定义为"根据自己的记忆存储,以精确的或修正了的形式,加工出许多备选的信息项目,以满足一定的需要"。而收敛性加工被定义为"从记忆中回忆出某种特定的信息项目,以满足某种需要"。书中进一步解释:"发散性加工是一种记忆的广泛搜寻,而收敛性加工是一种聚集搜寻。"

现在,在售的关于创造力和创新思维的书籍中,一般将发散性思维定义为"在解决问题时,思考不拘泥于一点或者一条线索,尽可能从现有已知信息扩散寻找线索,不被已经确定的方式方法、规则范围所束缚,在这种扩散的辐射式思考中,获得多种解决办法"。收敛性思维被定义为"在解决问题中尽可能利用已有的知识和经验,把众多信息逐步引导到条理化的逻辑程序中去,最终得到一个合乎逻辑规范的方法或结论"。发散性思维,即产生式思维,运用发散性思维产生观念、解答问题。思维发散过程需要发挥想象力,而收敛性思维是选择性的,需要运用知识和逻辑。

1. 发散思维的特点

发散思维也称辐射思维、放射思维,是大脑在思考时所呈现的一种扩散状态的思维模式,表现为思维视野广阔,呈多维发散状,如图 1-5 所示。发散思维是根据已有的某一点信息,运用已有的知识、经验,通过推测想象,沿着各种不同的方向思考,丰富记忆中的信息,从多方面找到解决问题的方法和答案。对于发散思维来说,当一种说法、一个角度不能解决问题时,它会主动否定并通过另一种方法、角度搜索答案。如风筝的用途可以"发散"出:放风筝玩、测量风向、传递信息、当作军事设计标靶等。

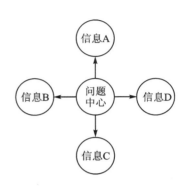

图 1-5 发散思维

发散思维的特点具有流畅性、灵活性和独特性三大特点。

(1) 流畅性

流畅性是指短时间内就任意给定的发散源,选出较多的观念和方案,即对提出的问题反应敏捷,表达流畅。机智与流畅性密切相关。流畅性反映的是发散思维的速度和数量特征。

目前我们课堂教学往往注重的是收敛思维的培养和训练,追求标准答案,而缺乏的恰恰是那种能充分发挥学生主动性和创造性的发散思维训练,应该让学生追求多种答案。法国哲学家查提尔说:"当只有一个点子时,这个点子就再危险不过了。"因为这一个点子,说不定就是最愚蠢的一个,只有提出多个点子,进行比较后再选择,才能避免这样的失误。

曾有人请教爱因斯坦,问他与普通人的区别何在。爱因斯坦答道:"如果让一位普通人在一个草垛里寻找一根针,那个人在找到一根针后就会停下来;而他则会把整个草垛掀开,把可能散落在草里的针全部找出来。"爱因斯坦在科学领域之所以能够取得那么大的成就,就是因为他在科学研究的过程中,不会找到一个方法后就停下来,而是不断地想出更多的办法,找到解决问题的方案,这充分体现了发散思维的流畅性。

(2) 灵活性

灵活性是指思维能触类旁通、随机应变,不受消极思维定势的影响,能够提出较多的新概念。可举一反三,提出不同凡响的新观念、解决方案,产生超常的构想。变通过程就是克服人们头脑中某种自己设置的僵化思维框架,按照新的方向来思索问题的过程。

灵活性比流畅性要求更高,需要借助横向类比、跨域转化、触类旁通等方法,使发散思维沿着不同的方向扩散,表现出极其丰富的多样性和多面性。

吉尔福特在"非常用途测验"中,要求学生在8分钟之内列出红砖的所有可能用途。某一学生说红砖可以盖房子、盖仓库、建教室、修烟囱等。所有这些回答都是把红砖的用途局限于"建筑材料"这个范围之内,缺乏变通。另一学生说红砖可以打狗、压纸、支书架、钉钉子等。这些回答的变通性较大,多数是红砖的非常规用途,因此后者的变通性好,创新能力比前者高。

(3) 独特性

所谓独特性就是指超越固定的、习惯的认知方式,以前所未有的新角度、新观点去认识事物,提出不为一般人所有的、超乎寻常的新概念。它更多地表征发散思维的本质,属于最高层次。红砖能够当支书架、画笔、交通标志等想法就属于独特性思维。

流畅性、灵活性、独特性三个特征相互关联。思路的流畅性是产生其他两个特征的前提,灵活性则是提出具有独特性新设想的关键。独特性是发散思维的最高目标,是在流畅性和灵活性基础上形成的,没有发散思维的流畅性和灵活性,也就没有其独特性。

2. 发散思维的训练

发散思维可以使人思路活跃、思维敏捷、办法多而新颖、考虑问题周全,能提出许多可供选择的方案、办法及建议。特别能提出一些别出心裁、出人意料的见解,使问题奇迹般得到解决。为了提高发散思维的能力,可以进行以下训练:

(1) 材料发散

以某事物作为材料,以它为发散点,设想其多种用途,如列举电风扇、塑料瓶的用途等。

(2) 功能发散

以某事物的功能为发散点,设想实现该功能的途径,如怎样实现电动自行车的防盗,怎样高效地利用绿色能源,等等。

(3) 结构发散

以某事物的结构为发散点,设想具有该结构的事物或具有该结构的用途,如船上的舷窗为什么是圆形的,等等。

(4) 形态发散

以事物的形态为发散点,设想利用该形态的可能性,如红颜色主要用在哪些地方,等等。

(5) 组合发散

以某事物为发散点,尽可能多地设想与另一事物连接成具有新价值事物的可能性,如港币可以与什么组合,掌上电脑可以与什么事物组合,等等。

(6) 方法发散

以某种方法为发散点,设想该方法的多种用途,如利用爆炸的方法可以办成哪些事情,空气压缩的方法可以用在哪些方面,等等。

（7）因果发散

以某事物发展的结果为发散点，推测产生该结果的原因；或以某事物的起因为发散点推测其可能产生的结果，如分析造成新冠肺炎全球蔓延的原因有哪些，等等。

（8）关系发散

以某事物为发散点，尽可能多地设想与其他事物的关系，如回答太阳与人类有哪些关系，等等。

3．收敛思维的特点

收敛思维也是创新思维的一种形式，与发散思维不同，发散思维是为了解决某个问题，从这一问题出发，想的办法、方案越多越好，总是追求更多的办法；而收敛思维则是直接对准思维目标，如图1-6所示。收敛思维也是为了解决某一问题，根据已有的经验、知识，从众多的方法中选择出最好的、有最佳效果的方法。如果说发散思维是由"一到多"，那么，收敛思维则是由"多到一"，当然，在集中到中心点的过程中也要注意吸收其他思维的优点和长处。

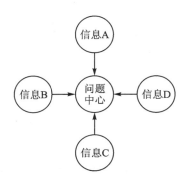

图1-6 收敛思维

收敛思维主要有以下特点：

（1）唯一性

尽管解决问题有多种多样的方法和方案，但最终总是要根据需要，从各种不同的方案和方法中选取解决问题的最佳方法和方案，收敛思维所选取的方案是唯一的，不允许含糊其词、模棱两可，一旦选择不当就可能会造成难以弥补的损失。

（2）逻辑性

收敛思维强调严密的逻辑性，需要冷静的科学分析。它不仅要进行定性分析，还要进行定量分析，要善于对已有信息进行加工，由表及里，去伪存真，仔细分析各种方案可能产生什么样的后果以及应采取的对策。

（3）比较性

在收敛思维的过程中，对现有的各种方案进行比较才能确定优劣。比较时既要考虑单项因素，更要考虑总体效果。

收敛思维对创新活动的作用是正面的、积极的，和发散思维一样，是创新思维不可缺少的。这两种思维运用得当，会对创新活动起促进作用；使用不当，就不能发挥应有的作用。杨振宁教授在谈中、美两国教育哲学的差异时，得到的结论是：如果你讨论的是一个美国学生，就要鼓励他进行一些有规则的收敛思维的训练；如果你讨论的是一个中国学生，那么就要鼓励他进行发散思维的训练。

4．发散思维和收敛思维的结合

作为两种思维方式，发散思维和收敛思维区别很明显。从思维方向来说，发散思维和收敛思维是相反的,发散思维的方向是由中心扩散到四面八方;收敛思维的方向则是由四面八方汇集到中心。在作用方面,发散思维有助于拓展人们思维的广度和维度;而收敛思维则是从各种思维中选取净化,有利于使问题的解决取得最好的效果。

研究证明,发散思维和收敛思维相辅相成,缺一不可,因为大多数创新成果的发现既需要运用发散思维又需要运用收敛思维,即一个问题的解决,往往是这个人的思维沿着不同的思维方向发散;另外又必须应用一个人的知识、经验和逻辑规律,运用收敛思维,综合发散结果,敏锐抓住其中的最佳线索,使发散结果去假存真,升华发展,最后找出问题的答案。这个过程可以用图1-7表示,在发散思维之后,尚需进行收敛思维,也就是把众多信息逐步引导到条理化的逻辑序列中去,这些都是发散思维与收敛思维的对立统一,往往是发散、集中、再发散、再集中,直至完成的结果。

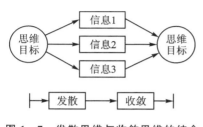

图1-7 发散思维与收敛思维的结合

1.5.2 正向思维与逆向思维

1. 正向思维

(1) 正向思维的含义

正向思维就是人们在创新思维活动中,沿袭某些常规方法去分析问题,按事物发展的进程思考、推测,是一种从已知到未知,通过已知来揭示事物本质的思维方法。这种方法一般只限于对一种事物的思考。坚持正向思维,就应充分评估自己现有的工作、生活条件及自身所具备的能力,就应了解事物发展的内在逻辑、环境条件性能等,这是自己获得预见能力和保证预测正确的条件,也是正向思维的基本要求。

正向思维是依据事物都是一个过程这一客观事实而建立的。任何事物都有产生、发展和灭亡的过程,都是从过去到现在、由现在到未来。只要我们能够把握事物的特性,了解其过去和现在,就可以在已掌握的材料基础上,预测其未来。例如,根据居民的货币收入与商品销售量的相关性,根据新建的住宅和新婚人数的相关性,根据婴儿服装销售量与当年婴儿出生数量的相关性,进行大量的数据统计分析,找出其变量之间的关系,推算出其将来的发展状况,这就是运用了正向思维的方法。

中国古代的"月晕而风,础润而雨""朝霞不出门,晚霞行千里""鱼鳞天,不雨也风颠"之类的词语,均体现了正向思维。

(2) 正向思维的局限性

普通人常用的思维方式有两种,分别是初拓思维和知控思维。初拓思维是一种无思维方式的思维,是一种没有经验可循的思维活动。所谓"摸着石头过河",就是初拓思维。正向思维是知控思维,因为它是以已有的公理、原理为指导。所以否定正向思维就是放弃前人总结的知识、经验;否定正向思维就是否定人类的进步。事实上,任何一个国家、民族或每一个人,常常都在运用正向思维,都在运用别人或者前人的经验解决问题。

正向思维有其自身的价值,这是必须肯定的。但是正向思维又是我国的传统思维,长期以来,我们过分强调正向思维,较少逆向思考问题。所以,我们在充分肯定正向思维的同时,也要特别注意正向思维的局限性,主要有以下几种:

① 过分强调正向思维,会出现思想僵化和教条主义。世界上的事情有常规、常理。然而,固守常理,不敢越雷池一步,也可能陷入错误。因为有些常理有合理之处,同时又蕴含着片面性,常理有真理的颗粒,也可能包含着错误的成分。如果死守常理,以为必定有据可循,也会犯错误。人们的思想往往受常理的统治,常理固然给人们解决常规问题以准则,却束缚了人们的思想。

② 过分强调正向思维会失去思维的主体性。人是认识的主体,认识的主体有自主性的特点。自主性表示主体有相对独立性。在主客体的关系中,主体采取什么行动、这种行动采取什么方式进行,都有一定的选择自由和一定的决断权。正向思维会使人们在观察问题时预先带有成见。正向思维的本质,不是进行创新、选择,而是服从。因为正向思维的特点是顺向逻辑演绎,是对既有规范的顺从。

2. 逆向思维

(1) 逆向思维的含义

逆向思维也称作逆反思维或反向思维,它是相对正向思维而言的一种思维方式。正向思维是人们习以为常、合情合理的思维方式,而逆向思维则与正向思维背道而驰,朝着它的相反方向去想,常常有悖常理。而创新思维中的逆向思维是指为了更好地想出解决问题的办法,有意识地从正向思维的反方向去思考问题。平常所说的反过来想一想、看一看,唱唱反调,推推不行、拉拉看等都属于逆向思维,如有人落水,常规的思维模式是"救人离水",而司马光对紧急险情,运用了逆向思维,果断地用石头把缸砸破,"让水离人",救了小伙伴。

逆向思维也会被人们运用到生产生活中,美国汽车大王福特有一次在街上散步,突然看到肉铺中的工人依次分别切割牛的里脊肉、牛腩、头肉,他的脑海里马上浮现出与这一过程相反的操作:让工人顺次分别装上汽车的各种零部件。就是这种流水线组装汽车的方法,与以前让每一个工人自始至终地装配一辆汽车相比,由于每个工人只负责汽车组装中的一小部分,操作简单、容易熟练,因此工人工作效率大大提高,而且很少出差错。第一条流水线使每辆 T 型汽车的组装时间由原来的 12 小时 28 分钟缩短至 10 秒钟,生产效率提高了 4 488 倍。随着产量提升,T 型汽车的售价从 825 美元降到 300 美元。福特 T 型车受到了前所未有的疯狂追捧,汽车从此成了美国乃至全世界家庭的生活必需品,福特 T 型车从上市到下线的 18 年间总共售出超过 1 500 万辆,这个纪录一直到将近半个世纪以后才被费迪南德·保时捷设计的"甲壳虫"汽车所打破。

(2) 逆向思维的分类

逆向思维可分为四类,即结构逆向、功能逆向、状态逆向、原理逆向。

① 结构逆向,就是从已有事物的结构形式出发所进行的逆向思维,通过结构位置的颠倒、置换等技巧,使该事物产生新的性能。例如,在第四届中国青少年发明创造比

赛中获一等奖的"双尖绣花针"的发明者武汉市义烈巷小学的学生王帆,他把针孔的位置设计到中间,两端变成针尖,从而使绣花的速度提高了近一倍。这是一个结构逆向思维的典型实例。

② 功能逆向,是指从原有事物功能的角度进行逆向思维,以寻求解决问题的措施,获得新的创造发明的思维方法。例如,以前生产抽油烟机的厂家都在如何能"不沾油"上下功夫,但绝对不沾油不容易做到,用户每隔一段时间就需要清洗一次抽油烟机。后来有个发明家采用功能逆向的思维,发明了一种专门能吸附油污的纸,贴在抽油烟机的内壁上,油污就被纸吸收了,用户只需定期更换吸油纸,就能保证抽油烟机干净如初。

③ 状态逆向,是指人们根据事物的某一状态的反向来认识事物,从中找出解决问题的办法。例如,过去木匠用锯和刨来加工木料,都是木料不动而工具动,人的体力消耗大,质量还得不到保证。为了改变这种情况,人们将工作状态反过来,让工具不动而木料动,并设计发明了电锯和电刨,提高了工作效率和工作水平。

④ 原理逆向,是指从相反的方面或相反的途径对原理及其应用进行思考的思维方法。例如,1800 年,意大利物理学家伏特发明了伏特电池,第一次将化学能转换成电能。英国化学家代维认为,既然化学能可以转换成电能,那么,电能是否也可以反过来转换为化学能呢?为此他做了电解化学的实验并获得成功。他通过电解各种物质,于 1807 年发现了钾、钠、钙等 7 种元素。

(3) 思维的转换

正向思维与逆向思维的转换就是人们在思维活动过程中造成的一种可逆性,由只是向一个方向作用的单项的 A→B 型思维模式转换为双向的 A↔B 的思维模式。

思维的可逆性是一种积极的心理活动,对学生思维活动的发展有着正向的影响。实践证明:逆向思维是可以在正向思维建立的同时形成的。

1.5.3 横向思维与纵向思维

根据思维进行的方向,可以将思维划分为横向思维和纵向思维。一个决定思维的宽度;另一个决定思维的广度。在实际生活和思维活动中,横向思维和纵向思维往往结合进行,有时还会结合逆向思维和发散思维等思维方式来进一步加强思维的深度和广度。

【例 1.7】 电梯等待问题

某公司新建一栋办公大楼,大楼一共 12 层。员工搬进新办公大楼不久,便开始抱怨电梯等待时间过长的问题,物业管理部门想出了几个解决方案。

1. 上下班早高峰期,一部分电梯只在偶数楼层停,其他的在奇数楼层停;
2. 安装室外电梯;
3. 上下班时间错开;
4. 在电梯旁边的墙面上安装镜子。

你会选哪种方案呢?

选1、2、3是纵向思维,着重从等电梯时间过长来解决早高峰问题。

选4是横向思维,是因为在考虑问题时跳出了惯性思维,因为有研究表明"员工在等电梯时忙着在镜子前审视自己,或是偷偷观察别人,此时人的注意力不再集中于等待电梯上,焦虑的心情得到放松,其实大楼不缺电梯,缺的是人的耐心"。

1. 横向思维

(1) 横向思维的含义

所谓横向思维,是指突破问题的结构范围,从其他领域的实物、事实中得到启发而产生新设想的思维方式。由于横向思维改变了解决问题的一般思路,试图从别的方面、方向入手,其思维广度大大增加,因此,横向思维常常在创造活动中起到巨大的作用。

横向思维是一种打破逻辑局限,将思维往更宽领域拓展的前进式思考模式,它的特点是不限制任何范畴,以偶然性概念来逃离逻辑思维,从而可以创造出更多匪夷所思的新想法、新观点的一种创造性思维。所谓横向,即逻辑思维的思考形式是垂直纵向走向,而横向思维则可以创造多点切入,甚至可以是从终点返回起点式的思考。

横向问题是对问题本身提出问题、重构问题,它倾向于探求观察事物的所有办法,而不是接受最有希望的办法。这对打破既有的思维模式是十分有用的。

例如,在我国古代北魏时期,有户人家的儿子在三岁的时候走散了,而孩子的母亲忽然在另外一户人家里找到了自己的孩子,被找到的这户人家自然也说这孩子是自己家的。当时这件事情闹到了李崇那里,李崇直接把两位母亲分别给关了起来。过了几天便让狱卒告知这两位母亲,孩子暴毙了,让她们回家去给孩子办理丧事。

而孩子真正的母亲,在听到这个消息之后,自然是号啕大哭,要回去给孩子办丧礼,而另外一位母亲却没有任何的表情。这一对比,自然就知道哪个人才是孩子真正的母亲。对于古人来说,如何辨别孩子是谁的,是一个大难题,而上面的这个例子,就利用了父母对孩子的感情来解决问题。

(2) 促进横向思维的方法

学者爱德华·德诺提出了一些促进横向思维的方法:

第一,对问题本身产生多种选择防范(类似发散);

第二,打破定势,提出富有挑战性的假设;

第三,对头脑中冒出的新主意不要急着做是非判断;

第四,反向思考,用与已建立的模式完全相反的方式思维,以产生新的思想;

第五,对他人的建议持开放态度,让一个人头脑中的主意刺激另一个人头脑中的东西,形成交叉刺激;

第六,扩大接触面,寻求随机信息刺激,以获得有益的联想和启发等。

(3) 横向思维的方式

1) 横向移入

横向移入是指跳出专业、本行业的范围,摆脱习惯性思维,侧视其他方向,将注意力引向更广阔的领域;或者将其他领域已成熟的、较好的技术方法、原理等直接移植过来加以利用;或者从其他领域的事物特征、属性、机理中得到启发,产生对原有问题的创新设想。电话发明人贝尔说过:"有时需要离开常走的大道,潜入森林,你就肯定会发现前所未见的东西。"

18世纪,奥地利的医生奥恩布鲁格想解决怎么检查出人的胸腔积水这个问题。他想来想去,突然想到自己当酒商的父亲,在经营时,只要用手敲一敲酒桶,凭敲击声就能知道桶内有多少酒。人的胸腔和酒桶相似,如果用手敲一敲胸腔,凭声音不也能诊断出胸腔中的积水病情吗?"叩诊"方法就这样被发明出来了。

2) 横向移出

与横向移入相反,横向移出是指将现有的设想、已取得的发明、已有的或感兴趣的技术和产品,从现有的使用领域、使用对象中摆脱出来,将其外推到其他领域或对象上。这也是一种立足于跳出本领域,克服思维定势的思考方式。

例如,法国细菌学家巴斯德发现酒发酸、肉汤变质都是细菌作怪,经过处理、消灭或隔离细菌,就可以防止变质。李斯特把巴斯德的理论用于医学界,发明了外科手术消毒法,拯救了千百万人的性命。再如我国仿生技术方面的院士任露泉,他在仿生科学及机器人领域进行研究,设计拖拉机下田模仿水牛作业。这些都是利用了横向移出的方法。

3) 横向转换

横向转换不直接解决问题,而是将其转换成其他问题。

例如,曹冲称象,把测重问题转换成测量船入水的深度。通过横向转换,把复杂问题简单化。

【例1.8】 苏秦合纵,张仪连横

苏秦、张仪同为鬼谷子的学生,张仪、公孙衍是战国时期合纵连横运动的倡导者。二人同时是政敌关系。合纵连横简称纵横,是战国时期纵横家所宣扬并推行的外交和军事政策,见图1-8。

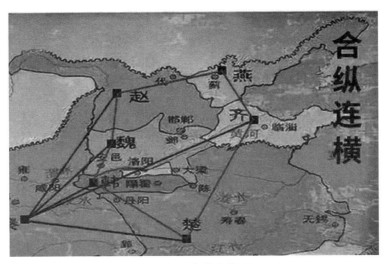

图1-8 合纵连横图

合纵：

苏秦曾经联合天下之士合纵，相聚于赵国意图攻秦，他游说六国诸侯，要六国联合起来西向抗秦。秦在西方，六国土地南北相连，故称合纵。与合纵政策针锋相对的是连横。

连横：

秦国用魏国人张仪，劝说各国帮助秦国进攻其他的弱国，叫作"连横"。"连横"就是由强国拉拢一些弱国来进攻另外一些弱国，以达到兼并土地的目的。这样可以有效激化六国间的矛盾，瓦解六国联盟，使秦国逐一击破六国，为统一天下打下基础。

2．纵向思维

（1）纵向思维的含义

所谓纵向思维，是指在一种结构范围内，按照有顺序的、可预测的、程式化的方向进行思考的思维形式，这是一种符合事物发展方向和人类认识习惯的思维方式，遵循由低到高、由浅到深、由始到终等线索，因而清晰明了，合乎逻辑，我们平常的生活、学习中大都采用这种思维方式。纵向思维是从对象的不同层面切入，具有纵向跳跃性、突破性、递进性、渐变的连续过程等特点。具有这种思维特点的人，对事物的见解往往入木三分，一针见血，对事物动态的把握能力较强，具有预见性。拿破仑·希尔曾经说过这样一句话："由于我们的大脑限制了我们的手脚，因此，我们掌握不了出奇制胜的方法，往往会简单地放弃。"深入一步，就能够增加思维的深度，进行有效的突破。因此，可以说深入一步就是人们获取成功的一把利器，很多创造和办法都是在深入一步的思考中诞生的。

那么，怎样才能"深入一步"呢？这就需要我们不轻易对问题的进展表示满足，多一些疑问，努力揭示出问题的本质，解决问题不仅能治标，还能治本。纵向思维就是要问"为什么"，实际上"为什么"这三个字表达了一种深入开掘的欲望。主张进行积极的思维活动，不管遇到什么问题，都要多问几个为什么。当人们恰到好处地利用纵向思维这把开启脑力的钥匙后，整个世界也就敞开了大门。

（2）纵向思维的特点

1）由轴线贯穿始终

当人们对事物进行纵向思维时，会抓住事物的不同发展阶段所具有的特征进行考量、比照、分析。事物表现出发生、发展等连续的动态演变特性，而所有片段都由其本质轴线贯穿始终，如人类历史由人类的不同发展阶段串联而成，这里时间轴是最常见的一种方式，特别是在各种各样的专项研究中，轴的概念类型就丰富多了。如在物理研究中，物质在不同温度中表现的物理特性，则是由温度轴来贯穿的。

2）清晰的等级、层次、阶段性

纵向思维考察事物的背景，由参数量变到质变的特征，能够准确地把握临界值，清晰界定事物的各个发展阶段。

3）良好的稳定性

运用纵向思维，人们会在设定条件下进行一种沉浸式的思考，思路清晰、连续、单纯、不易受干扰。

4) 明确的目的性和方向性

纵向思维有着明确的目标,执行时就如同导弹根据设定的参数锁定目标一样,直到运行条件溢出才会终止。

5) 强烈的风格化

纵向思维具有极高的严密性和独立性,个性突出,难以被复制而广泛流传。在人的性情方面显得泾渭分明,格格不入,很多科学家都是这种性格。

1.6 形象思维

形象思维,主要是指人们在认识世界的过程中,对事物表象进行取舍时形成的、只用直观形象的表象来解决问题的思维方法。形象思维是在对形象信息传递的客观形象体系进行感受、储存的基础上,结合主观的认识和情感进行识别(包括审美判断和科学判断等),并用一定的形式、手段和工具(包括文学语言、绘画线条色彩、音响节奏旋律及操作工具等)创造和描述形象(包括艺术形象和科学形象)的一种基本的思维形式。

从文学艺术创作角度分析:所谓形象思维,就是艺术家在创作过程中始终伴随着形象、情感以及联想和想象,通过事物的个别特征把握一般规律从而创作出艺术美的思维方式。形象思维能力的大小往往决定一个人的审美水平。形象思维始终伴随着形象,是通过"象"来构成思维流程的,就是所谓的神与物游。形象思维始终伴随着感情,离不开想象和联想。

在医疗工作中,医生通过察言观色、搭脉、看舌苔等复杂的形象思维进行疾病的诊断。

形象思维在孩童期的表现尤为突出,如儿童在学习算术时总要用手指或其他实物进行计算,这是因为在儿童的大脑中还未形成对抽象数字的分析。随着思维的逐渐成熟和后天的教育,人们的思维方式逐渐由形象思维向抽象思维过渡,并最终由抽象思维取代形象思维成为主导地位。但这并不意味着形象思维就一定是低层次的思维方式,因为当大脑在抽象思维的进化道路上走到极致的时候,形象思维又会以一种新的姿态焕发新生,并引导思维走向更高的层次。

物理学中所有的形象模型,如电力线、磁力线、原子结构的汤姆生模型或卢瑟福小太阳系模型,都是物理学家抽象思维和形象思维结合的产物。

爱因斯坦是一位具有极其深刻的逻辑思维能力的大师,但他却反对把逻辑方法视为唯一的科学方法,他十分善于发挥形象思维的自由创造力,他所构思的种种理想化实验就是运用形象思维的典型范例。这些理想化实验并不是对具体的事例运用抽象化的方法,舍弃现象,抽取本质,而是运用形象思维的方法,将表现一般、本质的现象加以保留,并使之得到集中和强化。爱因斯坦著名的广义相对论的创立实际上就是起源于一个自由的想象。

形象思维主要有以下几个特点：

(1) 形象性

形象性是形象思维最基本的特点。形象思维所反映的对象是事物的形象，思维形式是意象、直感、想象等形象性的观念，其表达的工具和手段是能为感官所感知的图形、图像、图式和形象性的符号。形象思维的形象性使它具有生动性、直观性和整体性的优点。

(2) 非逻辑性

形象思维不像抽象（逻辑）思维那样，对信息的加工一步一步、首尾相接、线性地进行，而是可以调用许多形象性材料，合在一起形成新的形象，或由一个形象跳跃到另一个形象。它对信息的加工过程不是系列加工，而是平行加工，是面性的或立体性的。它可以使思维主体迅速从整体上把握住问题。形象思维是或然性或似真性的思维，思维的结果有待于逻辑的证明或实践的检验。

(3) 粗略性

形象思维对问题的反映是粗线条的反映，对问题的把握是大体上的把握，对问题的分析是定性的或半定量的。所以，形象思维通常用于问题的定性分析。抽象思维可以给出精确的数量关系，所以，在实际的思维活动中，往往需要将抽象思维与形象思维巧妙结合，协同使用。

(4) 想象性

想象是思维主体运用已有的形象形成新形象的过程。形象思维并不满足于对已有形象的再现，它更致力于追求对已有形象的加工，从而获得新形象产品的输出。所以，想象性使形象思维具有创造性的优点。这也说明了一个道理，富有创造力的人通常都具有极强的想象力。

形象思维主要包括想象思维、联想思维、直觉思维和灵感思维，它们均有各自的特点。

1.6.1 想象思维

想象思维是人体大脑通过形象化的概括作用，对大脑内已有的记忆表象进行加工、改造或重组的思维活动。想象思维可以说是形象思维的具体化，是人脑借助表象进行加工操作的最主要形式，是人类进行创新及其活动的重要的思维形式。

想象思维的基本元素是记忆表象。表象是人脑对外界事物通过形象存储下来的信息，包括静止的、活动的画面，平面的、立体的画面，有声的、无声的画面，是在大脑中保持的客观事物的形象。人们在看小说时，头脑中会出现各种任务和情境的形象；久别的老朋友偶然相遇时，从前在一起生活、学习或工作时的情景就会浮现在自己的眼前，仿佛回到过去一样。这些情景就是表象。

【例 1.9】 插上想象的翅膀：爱因斯坦相对论的诞生故事

想象是相对论的起源地，是人们前进的动力和方向。它让人们的思想插上翅膀，奔向更加美好的未来。任何科技、艺术等新事物的诞生都离不开想象。

如果说爱因斯坦与别人有什么不同,那就是他有着非同寻常的好奇心和想象力,喜欢问东问西,并且有一种将别人告诉他的事情付诸实践的能力,以及异于常人的精力和创造精神。

1895年,16岁的爱因斯坦从书本上了解到光是以很快的速度前进的电磁波,于是他便开始认真思考一个问题:"假如我以光速跟随一道光束飞行,我会看到哪些奇异的景象?比如说,这道光束是由一座时钟反射出来的,那我应该看到一座静止的钟,也就是说,在我的眼中,这座钟的时间是静止的;可是在别人看来,这座钟仍在滴答、滴答地走,这是否矛盾呢?"少年爱因斯坦心中的这个"臆想实验",为他日后发明狭义相对论埋下了种子。

1905年,爱因斯坦对这个问题已经苦思十载,在伯尔尼专利局的日子里,爱因斯坦广泛关注物理学界的前沿动态,在许多问题上深入思考,并形成了自己独特的见解。在一次与好友贝索的讨论后,这个犹如导火线的灵感终于浮出水面。爱因斯坦突然认识到,解决问题的关键在于必须挑战传统的"绝对时间"与"同时性"等概念;其实"绝对时间"并不存在,而时间与信号速度(光速)之间有着密不可分的关系。值得注意的是,这些领悟与他的那个臆想实验相呼应。这个灵感替爱因斯坦打开了一扇新世界的大门,不出5个星期,他就写好了狭义相对论这篇历史性的论文。这一理论被后人誉为20世纪人类历史上最伟大的成就之一,这是一场真正的科学革命。

1. 想象思维的特征

(1) 形象性

想象思维的基础是事物本身,是一切活动单位的基本表现。想象的时候必然有一个物体成为你想象的根源,而这个物体也是客观存在的,这个根源跟想象后发散形成的事物虽具有一定的关联性,但却不具有必然的联系。如设计师根据自己在建筑方面的知识经验,设计出建筑物的形象。在设计师想象时,这些记忆表象的画面就像过电影一样,在脑中涌现,经过黏合、夸张、人格化、典型化等加工,当形成新的有价值的表象时,新想法就出现了。

【例1.10】 鸟巢体育场

鸟巢体育场的形态如同孕育生命的"巢"和摇篮,寄托着人类对未来的希望。设计者们对这个场馆没有做任何多余的处理,把结构暴露在外,自然形成了建筑的外观(见图1-9)。

(2) 概括性

想象思维实质上是一种思维的并行操作,即一方面反映已有的记忆表象,另一方面把已有的表现变换、组合成新的图像,达到对外部事件的整体把握。例如,把地球想象成鸡蛋,蛋壳是地壳,蛋白是地幔,蛋黄是地核;科学家把原子结构想象成太阳系,太阳是原子核,核外电子是行星,围绕原子核高速旋转。

图 1-9　鸟巢体育场

（3）超越性

想象思维最宝贵的地方可以说是它的超越性，超越原有记忆中的事物形成许多新的事物或观念，这是人类创造发明的最集中表现。特别是一些重大的发明创造，都离不开超越性的想象。

2．想象思维的分类

（1）无意想象

无意想象是事先没有预定的目的、不受主体意识支配的想象，它是在外界刺激的作用下不由自主产生的。例如，人们在看天上的白云时，有时把它想象成动物，有时又会把它想象成仙女等。

（2）有意想象

有意想象是事先有预定的目的，受主体意识支配的想象。它是人们根据一定的目的，为塑造某种事物的形象而进行的想象活动，这种想象活动具有一定的预见性和方向性。

有意想象可以分为再造性想象、创造性想象和憧憬性想象。

1）再造性想象

再造性想象是根据别人的语言、文字、图像的描述，在头脑中形成相应的新形象的心理过程。例如，机械工人根据机械图纸而想象出机器的结构和形状；看小说时，头脑中构想出小说里的种种场景和人物形象。

2）创造性想象

创造性想象是根据一定的目的和任务在头脑中创造出新形象的心理过程。作家在头脑中构成新的典型人物形象就属于创造性想象。这种形象不是仅仅根据别人的描述，而是想象者根据生活提供的素材，在头脑中通过创造性的综合，从而构成前所未有的新形象。例如作家所创造的艺术形象，虽来源于生活，但它又高于生活。

3）憧憬性想象

憧憬性想象也称为幻想，是创造性想象的一种极端形式，其特点是以现实世界为出发点,但其范围不受约束,结果又往往超出现实太远,有的一时难以实现。例如,18世纪法国著名科幻作家凡尔纳一生运用憧憬性想象写出了104部小说,书中写的直升机、导弹、电视机等,当时都不存在,但在20世纪都已经实现了。这足以证明憧憬性想象可以作为科学创造发明的前导。

3. 想象思维的作用

(1) 想象思维在创新思维中的主干作用

创新思维要产生具有新颖性的结果,但这一结果并不是凭空产生的,而是要在已有的记忆表象的基础上,加工、改组或改造。创新活动中经常出现的灵感或顿悟,也离不开想象思维。著名物理学家普朗克说:"每一种假设都是想象力发挥作用的产物。"

(2) 想象思维在人的精神文化生活中的灵魂作用

精神生活对个人是很重要的。一个精神生活丰富的人,他对生活有感情,便能更多地领略到生活的情趣与美,而人的精神生活是否丰富多彩,主要是看他的想象力是否丰富。比如读李清照的词:"梧桐更兼细雨,到黄昏,点点滴滴,这次第,怎一个愁字了得。"你能从这首词中感受到什么情绪呢?

(3) 想象思维在发明创造中的主导作用

发明一件新的产品,一般都要在头脑中想象出新产品的功能或外形,而这新的功能或外形都是人的头脑调动已有的记忆表象,加以扩展或改造而来的。就好像工程师要建楼,没有图纸就不知道该怎样下手,我们有目的地进行创新活动,就好像在头脑里绘制好蓝图一样。

4. 想象思维的培养和训练

想象思维的培养和训练的方式主要有以下两个。

(1) 克服抑制想象思维的障碍

抑制想象思维的障碍主要有环境方面的障碍、内部心理障碍和内部智能障碍。

环境方面的障碍,如人际关系不协调、学习思考环境恶劣等。心理状态如果是积极、愉快、兴奋的,人就容易进入想象思维;如果是消极、压抑,甚至是悲观、沮丧的,那就很难进入良好的想象思维。但是,人的心理状态是可以调整的。内部智能障碍主要是思维方法的僵化,也就是思维模式的固定化,即所谓的思维定势或习惯性思维。

(2) 培养想象思维能力的途径

培养想象思维能力的途径主要有三个:

第一个途径是强化创新意识。人的意志和意识的强弱决定了人的思维积极性和活跃性。

第二个途径是学习。学习,包括从书本上学习,也包括从实践中学习,还包括向一切有知识、有经验的人学习。

第三个途径是静思。人有时需要交往,需要热闹,需要和别人产生思维碰撞;但有时也需要孤独,需要沉静地思考。

1.6.2 联想思维

联想思维简称联想,是人们经常用到的思维方法,是一种通过某一事物的表象、语词、动作或特征联想到他事物的表象、语词、动作或特征的思维活动。通俗地讲,联想一般是由某人或者某事而引起的相关思考,人们常说的"由此及彼""由表及里""举一反三"等就是联想思维的体现。

联想可以很快地从记忆里追索出需要的信息,构成一个链,通过事物的接近、对比、同化等条件,把许多事物联系起来思考,开阔了思路,加深了对事物之间联系的认识,并由此形成创造构想和方案。美国工程师斯潘塞在做雷达起振实验时,发现口袋里的巧克力融化了,原来是雷达电磁波造成的。由此,他联想到用雷达电磁波加热食品,进而发明了微波炉。

1. 联想思维的特征

(1) 连续性

联想思维一般是由某事引起的其他思考,也就是从某一个事物的表象、动作或特征联想到其他事物的表象、动作或特征。例如,第一次世界大战期间,德国和法国交战,德军在一次战斗中发现法军阵地有一只波斯猫,随后连续几天发现波斯猫晒太阳。德军据此分析,战场附近没有居民住宅,波斯猫属于名贵品种,因此猫的主人是军队中较大的指挥官。由此,德军集中火力供给,摧毁了该阵地。后来发现,该阵地是法军一个旅的司令部。

联想思维的主要特征是由此及彼,连绵不断地进行,可以是直接的,也可以是迂回曲折形成闪电般的联想链,而链的首尾两端往往是风马牛不相及的。

(2) 形象性

联想思维是形象思维的具体化,其基本的思考操作单元是表象,是一幅幅画面。所以,联想思维和想象思维一样,显得十分生动,具有鲜明的形象。

(3) 概括性

联想思维可以很快把联想到的思考结果呈现在联想者的眼前,而不顾及其细节如何,是一种整体把握的思考操作活动,因此可以说有很强的概括性。

2. 联想思维的分类

(1) 相似联想

相似联想就是由某一事物或现象,想到与它相似的其他事物或现象,进而产生某种新设想。这种相似,可以是事物的形状、结构、功能、性质等某一方面或某几个方面。例如,俄国著名生理学家梅契尼科夫某天仔细观察"海盘车"的透明幼虫,他发现幼虫把几根蔷薇刺包围起来,并一个个地加以"吞噬",这是以往从未发现过的现象。梅契尼科夫联想到自己在挑除扎进手指中的尖刺时看到过的情景,刺尖断留在肌肉里一时取不出来,而过几天后,刺尖消失了。根据海盘车吞噬现象,他明白了刺扎进手指时,白细胞会把它包围起来并吞噬掉。"细胞的吞噬作用"这一重要理论就这样诞生了。它告诉我们,在高等动物内部存在细胞吞噬现象,这种现象发生在炎症的过程中,它能起到保护机体的作用。

(2) 相关联想

相关联想是由给定事物联想到经常与之同时出现或在某个方面与之有内在联系的事物的思考活动。比如,苏格兰橡胶厂的工人麦金托什,一不小心将橡胶溶液滴在自己的衣裤上。他非常难过,衣服弄脏了,拿什么来换洗呢?无奈,他只得用手指去抹沾在衣服上的橡胶,试图把它擦掉。可是,衣服上的污点根本擦不掉,他只好穿着这样的脏衣服冒雨回家。奇怪的是,这些脏斑并不透雨。他灵光一现,心想:这不就是早先向往的不透雨的衣服吗?假如用橡胶液把衣裤表面全部涂上,不就可以用来挡雨吗?第二天,他一到工厂就按自己的想法做了。世界上第一件胶布雨衣就此诞生。英语中"胶布雨衣"这个词叫作"Mackintosh"。

(3) 对比联想

对比联想是根据事物之间存在着的互不相同或彼此相反的情况进行联想,从而引发出某种新设想的思维方式。比如,由黑想到白,由书写想到擦拭,由温暖想到寒冷,由黑暗想到光明等。

在使用对比联想法的过程中,我们需要将视角放在与该事物的特征相对的特点上,并加以巧妙利用。

18世纪,拉瓦把金刚石煅烧成二氧化碳的实验,证明了金刚石的成分是碳。1799年,莫尔沃成功地把金刚石转变成石墨。金刚石能变成石墨,用对比联想法来考虑,那么反过来石墨能不能转变成金刚石呢?

(4) 因果联想

因果联想是指由事物的某种原因而联想到它的结果,或指由一个事物的因果关系联想到另一种与它有因果联系的事物。比如,人们由冰想到冷,由风想到凉,由火想到热等。

(5) 类比联想

类比联想是指对一件事物的认识引起对与该事物在形态或性质上相似的另一事物的联想。这种联想是借助对某一事物的认识,通过比较它与另一类事物的某些相似性,达到对另一事物的推测理解。比如,天然牛黄是一种珍贵药材,它只有在牛胆中偶尔获得,数量少,供不应求。科技人员联想到人工培育珍珠与天然牛黄的成长过程相似,于是将能生成牛黄的异物植入牛胆中形成胆结石,最终实现了人工培育牛黄。

3. 联想思维的作用

(1) 在两个以上的思维对象之间建立联系

通过联想,可以在较短时间内在问题对象和某些思维对象间建立联系,这种联系会帮助人们找到解决问题的方法。例如,人们受到蜘蛛吊丝织网现象的启发,发明了吊桥。

(2) 为其他思维方法提供一定的基础

联想思维一般不能直接产生有创新价值的新形象,但是,它往往能为产生新形象的想象思维提供一定的基础。

（3）活化创新思维的活动空间

联想，就像风一样，扰动了人脑的活动空间。由于联想思维由此及彼、触类旁通的特性，常常把思维引向深处或更加广阔的天地，促使想象思维的形成，甚至灵感、直觉、顿悟的产生。

（4）有利于信息的存储和检索

思维操作系统的重要功能之一，就是把知识信息按一定的规则存储在信息存储系统，并在需要的时候把其中的信息检索出来。如学习时经常采用联想记忆法来记忆知识点。

4. 联想思维的训练

联想力的高低主要体现在两个方面，一个是联想的速度，一个是联想的数量。人人都会联想，但联想力高并不是人人都具备的，因此需要进行专门的联想训练，才能提高联想力。

（1）提高联想速度训练

训练方式：给定两个词或物体，然后在最短的时间里由一个词想到另外一个词。如：封闭、原子弹，可以联想：粉笔、教师、科学知识、学生、物理学家、原子弹。

（2）提高联想数量训练

训练方式：给定一个词或物体，然后由这个词或物体联想到其他更多的词或物体，在规定的时间内，想得越多越好。

1.6.3 直觉思维

直觉思维，是指对一个问题未经逐步分析，仅依据内因的感知迅速地对问题答案做出判断、猜想、设想，或者在对疑难百思不得其解之时，突然有了"灵感"和"顿悟"，甚至对未来事物的结果有"预感""预言"等，这些都是直觉思维。直觉思维是一种心理现象，它不仅在创造性思维活动的关键阶段起着极为重要的作用，还是人生命活动、延缓衰老的重要保证。直觉思维是完全可以有意识地加以训练和培养的。

比如：你看到一个人，马上就可以看出他的基本特征：高矮、肥胖、乖丑、性格，等等，这种"看"，就是感觉，同时，也是人的思维特征之一；你无需任何思维，就可以唱出你孩童时代的一首非常熟悉的歌；你可以轻松辨别狗和猫，这些都是直觉思维，无需人教。

1. 直觉思维的产生

尽管直觉的产生极为突然，但其产生并非偶然。

首先，一定直觉的生成必须要有相关知识的积累。其中"相关知识"既包括有关的经验知识，又包括有关的专业理论知识。"知识的理论积累"是指经过人们的反复实践和反复认知而积淀并存储于大脑皮层上，生成为深层的下意识并形成相应的经验认知模块。

其次，直觉的生成有内在机制。"内在机制"是指主体在问题的激发下，思维处于愤悱状态,进而对这一问题进行多方面、多层次、长时间的思考,但仍百思不得其解,处于极度困惑的状态。

再者,直觉的生成须有一种特定的情境:主体思维处于特定的场景之中,或者观察到特定的现象,进而,是思维出现了突发性的脉动,直觉出现了,随之,思如泉涌。

2. 直觉思维的特征

(1) 直接性

倘若我们用最简洁的语言来表述直觉思维的最基本特征,那就是思维过程与结果的直接性。直觉思维是一种直接领悟事物的本质或规律,而不受固定逻辑规律所束缚的思维方式。它不依赖于严格的证明过程,以对问题全局的总体把握为前提,以直接的、跨越的方式直接获取问题答案的思维过程。

(2) 突发性

直觉思维的过程极端,稍纵即逝,所获得的结果是突如其来和出乎意料的。据说牛顿的"万有引力定律"是其在苹果园休息时,看到苹果落地而顿悟的。

3. 直觉思维的训练

(1) 学会换角度看问题

换个角度看问题,可以使人获得新的理解。正所谓"变则通,通则灵"。常规思维限制视野,尤其是受到挫折时,因此要学会换一种立场和角度来看问题,从挫折中不断总结经验,才能产生创新性的变革。

(2) 获得有益的知识

有效的学习能力,是动态衡量人才质量高低的重要尺度。我们通过开发大脑潜能,吸纳有实用价值的信息和咨询,从而提高领悟力。

习题:

下文中青海治理荒漠化用了哪些创新思维方法?

青海塔拉滩光伏产业园:既是电站,也是牧场

"光伏电站建设在这里,成批量铺设的光伏板使得园区风速减小,蒸发量下降,空气湿度增加,草地含水量大增,在一定程度上遏制了荒漠化的扩大延伸。"青海省海南藏族自治州塔拉滩光伏产业园区的工作人员对记者说。

平均海拔2 920米,阳光辐射强烈,白天日照时长达8小时,塔拉滩的确不适合植物的生长,却是光伏发电得天独厚的优势条件。

2012年,国内最大的光伏发电基地共和县塔拉滩光伏产业园区在青海省海南藏族自治州共和县塔拉滩投入建设。同时,产业园内盖起了一座座羊圈(见图1-10),雇用当地牧民养羊放牧,昔日的茫茫戈壁"变身"为草原牧场。

"以前这里就是一眼望不到边的戈壁荒漠,如今,草长得非常好,我们在里面放牧,羊吃得饱,长得肥,我们就开心。"正在青海省海南藏族自治州塔拉滩光伏产业园区内放

图 1-10 塔拉滩光伏基地

牧的牧民兰措感触很深。

"草越长越好，有时会遮挡光伏板工作，在冬季还有火灾隐患，所以我们每年依旧会投入资金雇用周边的牧民来清理杂草。"黄河上游水电开发有限责任公司新闻中心副主任唐靖表示，从2012年至今，园区植被覆盖率增幅达15%。

实际上，周边村民除了受邀进园区放羊，还能通过清洗光伏组件、割草、做保安等方式拓宽收入渠道，得以致富。

此外，在塔拉滩，还坐落着世界最大规模、装机容量85万千瓦的龙羊峡水光互补光伏电站。

针对光伏发电的间歇性、波动性、随机性等问题，青海省运用先进的水光互补调节技术，把这里的光伏电送往龙羊峡水电站，将不稳定的光伏电调整为均衡、优质、安全的稳定电源。

"光伏发电虽好，却一直面临着'靠天吃饭'的窘境，存在间歇性、波动性和随机性较大的问题，如今有了水光互补协调运行控制系统，就能将光伏发电转换为安全稳定的优质电源。"黄河上游水电开发有限责任公司光伏维检公司共和产业园项目部副经理吴世鹏告诉记者。

目前，这座水光互补光伏电站一年发电量可达14.94亿千瓦，对应到火力发电相当于一年节约标准煤46.46万吨，减少二氧化碳排放约122.66万吨、二氧化硫排放4.5万吨、氮氧化合物排放2.25万吨，创造了良好的社会生态环境效益。

截至2021年5月底，青海电网总装机规模4 050万千瓦，其中水电1 193万千瓦、光伏发电1 591万千瓦、风电853万千瓦、光热21万千瓦，新能源装机占比、集中式光伏发电量均居全国前列。

第 2 章　创新方法的类型

法国著名生理学家贝尔纳曾经说过:"良好的方法能使我们更好地发挥天赋的才能,而笨拙的方法则可能阻碍才能的发挥。"法国著名数学家笛卡儿认为,"最有用的知识是关于方法的知识"。

2.1　创新方法概述

2.1.1　创新方法的含义

创新方法是创造学家根据创造性思维发展规律和大量成功的创造与创新的实例总结出来的一些原理、技巧和方法。如果把创造、创新活动比喻为过河的话,那么方法就是过河的桥或船。

自近代科学产生,尤其进入 21 世纪以来,思维、方法和工具的创新与重大科学发现之间的关系更加密切。据统计,从 1901 年诺贝尔奖首次颁发以来,有 60%～70% 是由科学观念、思维、方法和手段上的创新而取得的。例如,1924 年哈勃望远镜的发明与应用揭开了人类对星系研究的序幕,为人类的宇宙观带来了新的革命;1941 年,"分配色层分析法"的发明,解决了青霉素提纯的关键问题,使医学进入了抗生素防治疾病的新时代;20 世纪 70 年代,我国科学家袁隆平提出了将杂交优势用于水稻育种的新思想,开创了水稻育种的三系配套方法,从而实现了杂交水稻的历史性突破,解决了千千万万人民的温饱问题。

2.1.2　创新方法的三个发展阶段

创新方法按照发展历程分为尝试法、试错法和现代创新方法三个阶段。

第一阶段:尝试法。在人类发展早期,效率极低的尝试法是人们从事发明创造活动所采用的方法。"神农尝百草,日中七十毒",便是这种尝试法的生动反映。中国人自古有神农尝百草的传说,意思是,古代中国人不知什么可以吃,什么不可以吃,吃错了就会生病、丧命,神农于是尝百草,日中七十毒,遇茶而解,基本摸清了什么样的食物可以吃。

第二阶段:试错法。试错法是纯粹经验的学习方法,是解决问题、获得知识常用的方法,即根据已有经验,采取系统或随机的方式,去尝试各种可能的答案,直到解法产生出正确结果。试错的次数取决于设计者的知识水平和经验,或者来自灵感。相对来说,效率较低。如爱迪生在发明灯泡的过程中,曾试用了上千种材料,经历过无数次失败,这便是试错法的生动写照。

第三阶段：现代创新方法。关于创新方法论的科学探索，1620年，培根出版了《科学方法论》，笛卡儿在1637年出版了《方法论》。此后，莱布尼茨提出了组合的方法，歌德提出了形态学的方法。到了20世纪中期，爱迪生建立了创新实验室，贝尔开发了一种专用的生产线。后来，又出现了目标聚焦法、头脑风暴法、综摄法、形态分析法等多种创新方法；到了20世纪下半叶，相继开发出了六西格玛、全面质量管理、精益生产、根本原因分析等新的方法。TRIZ理论是阿奇舒勒（G. S. Altshuller）在1946年创立的，它是发明问题的解决理论。它成功地揭示了创造发明的内在规律。实践证明，运用TRIZ理论，可大大加快人们创造发明的进程且能得到高质量的创新产品。

2.2 头脑风暴法

头脑风暴法（Brain storming）（见图2-1），由美国BBDO广告公司的奥斯本首创，该方法主要由价值工程工作小组人员在正常融洽和不受任何限制的气氛中以会议形式进行讨论、座谈，打破常规，积极思考，畅所欲言，充分发表看法。

图2-1 头脑风暴法

头脑风暴法出自"头脑风暴"一词。所谓头脑风暴，最早是精神病理学上的用语，指精神病患者的精神错乱状态，如今转而为无限制的自由联想和讨论，其目的在于产生新观念或激发创新设想。

在群体决策中，由于群体成员心理相互作用的影响，易屈于权威或大多数人意见，形成所谓的"群体思维"。群体思维削弱了群体的批判精神和创造力，损害了决策的质量。为了保证群体决策的创造性，提高决策质量，管理上发展了一系列改善群体决策的方法，头脑风暴法是较为典型的一个。

2.2.1 头脑风暴法原理

奥斯本在研究人的创造力时发现，正常人都有创造潜力，都有可能产生创造性的设想,而创造潜力的开发和创造性设想的提出,可以通过群体相互激励的方式来实现,因此群体原理是该创造技法的理论基础。

这种方法的特点是以一种与传统会议截然不同的方式召开专题会议,通过贯彻若干基本原则和特殊规定,给与会者创造一种主动思考、自由联想、积极创新的特殊气氛,从而有效发挥群体智慧,以获取量多、面广、质优的发明创造设想。

【例 2.1】 华为的"务虚会"

在外界的眼里,华为是一种"理工男"的形象,勤奋、踏实、肯干,似乎和浮躁扯不上什么关系。但偏偏华为对务虚非常看重,华为的内部,有一种"务虚会"的形式,每次开会时,选择一个清幽的地点,大家确定好一个主题,采用头脑风暴法,开放地分享自己内心的想法。有新闻报道,华为曾表示:任正非只有否定权,没有决定权。华为是一家由员工 100% 持股的公司。华为的员工持股人数,达到了 9 万多人。因此每个员工兼具管理者的角色。在华为内部,一些重要的大事需要高层来参与,而一些小事情,员工完全拥有自主做决定的权力。

2.2.2 实施流程

头脑风暴法力图通过一定的讨论程序与规则来保证创造性讨论的有效性,由此,讨论程序构成了头脑风暴法能否有效实施的关键因素,从程序来说,组织头脑风暴法关键在于以下几个环节。

1. 确定议题

一个好的头脑风暴法从对问题的准确阐明开始。因此,必须在会前确定一个目标,使与会者明确通过这次会议需要解决什么问题,同时不要限制可能的解决方案的范围。一般而言,比较具体的议题能使与会者较快产生设想,主持人也较容易掌握;比较抽象和宏观的议题引发设想的时间较长,但设想的创造性也可能较强。

2. 会前准备

为了使头脑风暴畅谈会的效率提高,得到较好的效果,可在会前做一些准备工作。如收集一些资料预先给大家参考,以便与会者了解与议题有关的背景材料和外界动态。就参与者而言,在开会之前,对于要解决的问题一定要有所了解。会场可做适当布置,座位排成圆环形的环境往往比教室式的环境更为有利。此外,在头脑风暴会正式开始前还可以出一些创造力测验题供大家思考,以便活跃气氛,促进思维。

3. 确定人选

与会人员一般以 8~12 人为宜,也可略有增减。与会者人数太少不利于交流信息、激发思维;而人数太多则不容易掌握,并且每个人发言的机会相对减少,也会影响会场气氛。

4. 明确分工

要推定一名主持人,1~2 名记录员(秘书)。主持人的作用是在头脑风暴畅谈会开始时重申讨论的议题和纪律，在会议进程中启发引导，掌握进程。如通报会议进展情况，归纳某些发言的核心内容，提出自己的设想，活跃会场气氛，或者让大家静下来认真思索片刻再组织下一个发言高潮等。记录员应将与会者的所有设想都及时编号，简要记录，最好写在黑板等醒目处，让与会者能够看清。记录员也应随时提出自己的设想，切忌持旁观态度。

5. 规定纪律

根据头脑风暴法的原则，可规定几条纪律，要求与会者遵守。如要集中注意力积极投入，不消极旁观；不要私下议论，以免影响他人的思考；发言要针对目标，开门见山，不要客套，也不必做过多的解释；与会人员之间相互尊重，平等相待，切忌相互褒贬等。

6. 掌握时间

会议时间由主持人掌握，可以适当延长。一般来说，以几十分钟为宜。时间太短与会者难以畅所欲言，太长则容易产生疲劳感，影响会议效果。经验表明，创造性较强的设想一般要在会议开始10～15分钟后逐渐产生。美国创造学家帕内斯指出，会议时长最好为30～45分钟。倘若需要更长时间，就应把议题分解成几个小问题分别进行专题讨论。

2.3 设问法

阿尔伯特·爱因斯坦曾经说过："提出一个问题往往比解决一个问题更重要。因为解决问题也许仅是一个数学上或实验上的技能而已，而提出新的问题，却需要有创造性的想象力，而且标志着科学的真正进步。"提出问题是创新、创造、发明的关键。古人云："学贵有疑，小疑则小进，大疑则大进。"自古以来，"疑"就是人类打开创新大门的金钥匙。

设问法就是对任何事物都多问几个为什么，就是提出了一张提问的单子，通过各种假设性提问，寻找解决问题的办法。

那么，到底该如何提问呢？奥斯本检核表法以及和田十二法，为我们提出问题、创新性地解决问题提供了思路，下面分别对这两种方法进行介绍。

2.3.1 奥斯本检核表法

奥斯本检核表法是美国创造学家奥斯本率先提出的一种创造技法。它几乎适用于任何类型和任何场合的创造活动，因此被称为"创造技法之母"。这种技法的特点就是根据需要解决的问题，或需要创造发明的对象，列出有关的问题，然后一个一个来核对讨论，以期引发出新的创造性设想来。

奥斯本检核表法(见表2-1)是一种具有较强实用性的创新方法。该方法可细分为9大类。它以设问的方式，引发人们思考，是一种横向思维。它有助于人们突破思维定势，从9个不同的角度去思考问题，找到解决问题的新方法，产生新的创意。该方法操作十分方便,效果也相当好。

表 2-1 奥斯本检核表法

序 号	检核类别	检核内容
1	能否他用	有无新的用途?是否有新的使用方式?可否改变现有的使用方式?
2	能否借用	有无类似的东西?利用类比能否产生新概念?过去有无类似的问题?能否模仿?能否超过?
3	能否扩大	能否增加些什么?能否附加些什么?能否增加使用时间?能否增加频率、尺寸、强度?能否提高性能?能否增加新成分?能否加倍?能否扩大若干倍?能否放大?能否夸大?
4	能否缩小	能否减少些什么?能否密集、压缩、浓缩、聚束?能否微型化?能否缩短、变窄、去掉、分割、减轻?能否变成流线型?
5	能否改变	能否改变功能、颜色、形状、运动、气味、音响、外形、外观?是否还有其他改变的可能性?
6	能否代用	能否代替?用什么代替?有何别的排列、成分、材料、过程、能源、音响、颜色、照明?
7	能否调整	能否变换?有无互换的成分?能否变换模式、布置顺序、操作工序、因果关系、速度或频率、工作规范?
8	能否颠倒	能否颠倒?能否颠倒正负、正反、头尾、上下、位置、作用?
9	能否组合	能否重新组合?能否尝试混合、合成、配合、协调、配套?能否把物体组合、目的组合、特性组合、观念组合?

应用奥斯本检核表法是一种强制性思考的过程,有利于突破人们的思维惰性,帮助人们通过提问,产生更多好的创意与发明。

奥斯本检核表法罗列了以下 9 大类问题:

1. 能否他用

能否他用的检核内容主要包括:有无新的用途?是否有新的使用方式?可否改变现有的使用方式?

【例 2.2】 狗狗纸尿裤

纸尿裤最初是人类小婴儿使用的。后来,也被广泛应用于老年人的护理领域。

近些年,饲养宠物的人越来越多了。对于喜爱狗狗的人士来说,当带宠物狗去公共场所(像办公室等)的时候,为了避免狗狗随地大小便带来的尴尬,也需要用到纸尿裤。因此,专门根据狗狗生理特征而设计的宠物纸尿裤也应运而生了。它专门设有宠物尾巴孔洞,以便宠物露出尾巴(见图 2-2)。为带宠物狗出行的人们带来了便利。

图 2-2 狗狗纸尿裤

2. 能否借用

能否借用的检核内容主要包括:有无类似的东西? 利用类比能否产生新概念? 过去有无类似的问题? 能否模仿? 能否超过?

【例2.3】三弟画饼

说起煎饼果子,多数人都吃过,这种便捷美味的小吃深受大众的喜爱,但就是这么一种寻常的美食,只要用心也能做出各种花样来。这里要说的就是3D打印机之下的煎饼果子(见图2-3)。这种打印机名为"三弟画饼",由来自清华大学的吴一黎和他的16位校友共同研发。据了解,这款打印机能够按照需要"打印"出各种形态的煎饼,像是光头强、芭比娃娃等人物的打印皆不在话下,煎饼

图2-3 三弟画饼制作出来的煎饼

成型后相似度也很高。并且三弟画饼的操作方法也十分简单,只需要把想要打印的图片在手机App上设计好,然后往容器内倒入面糊、启动机器即可。每个煎饼的制作时间也仅需1~2分钟,效率之高,令人惊叹。

"三弟画饼"将3D打印技术运用于美食制作,随心打印各种图案的美味煎饼,以满足年轻人日益增长的个性化需求,已经广泛应用于儿童活动中心、婚礼、庆典等多个行业,帮助各行各业的创业者们开拓出了新商机,实现了自己的创业梦。

资料来源:https://v.youku.com/v_show/id_XMzQ1MTA1Mzc2MA==。

3. 能否扩大

能否扩大的检核内容主要包括:能否增加些什么? 能否附加些什么? 能否增加使用时间? 能否增加频率、尺寸、强度? 能否提高性能? 能否增加新成分? 能否加倍? 能否扩大若干倍? 能否放大? 能否夸大?

【例2.4】 Gululu水精灵智能魔力水杯

来自美国的Gululu互动水杯(见图2-4),秉持帮助孩子养成健康饮水好习惯的理念,通过宠物养成体系、有趣的饮水激励机制、精准的传感测量技术与不断更新的寓教于乐的互动内容,持续激发孩子的饮水动力。家长通过手机端App制定孩子每日的饮水目标,并可时刻查看孩子的喝水情况。丰富的水杯内容融入社交、英文、科普、文化、情商知识等元素,赋予喝水无穷乐趣。

资料来源:https://shop463322.m.youzan.com/wscgoods/detail/2fwhr2mmp2naa?banner_id=f.78073098~goods~1~2IUuXQHT&reft=1550197610039_1550197774553&spm=f45821347_f.78073098_f.78073098&redirect_count=1&st=1&sf=wx_sm&is_share=1&share_cmpt=native_wechat&from_uuid=f422fe39-8116-c2cf-

581e-7634642e6b89。

图2-4 Gululu水精灵智能魔力水杯

4. 能否缩小

能否缩小的检核内容包括：能否减少些什么？能否密集、压缩、浓缩、聚束？能否微型化？能否缩短、变窄、去掉、分割、减轻？能否变成流线型？

【例2.5】 可以卷起来的钢琴

可以卷起来的钢琴？光听名字就觉得有意思，有让人立马一睹为快的冲动，听说还是个在抖音上获几十万人点赞的爆款。

这种钢琴体积小巧，铺开即弹，卷起来直接收纳，存放不占地儿；充电使用，续航时间长，方便携带，随时随地，想弹就弹。功能丰富，有单指、多指、速度、延音、颤音、键盘鼓、节拍器、节奏、录音、编程、教学等，全年龄段都适合，简单易学，轻松入门，特别推荐给孩子们，尤其是想要培养孩子对音乐的兴趣爱好、钢琴电子琴的初学者，以及家里放不下大钢琴的，或者想要随时随地练琴的孩子(见图2-5)。

图2-5 可以卷起来的钢琴

资料来源：https://mp.weixin.qq.com/s/NRCPrTk429wkZA5_j0xMuQ。

5. 能否改变

能否改变的检核内容包括：能否改变功能、颜色、形状、运动、气味、音响、外形、外观？是否还有其他改变的可能性？

【例 2.6】 老年人的优秀餐具:Eatwell

阿尔茨海默病一直影响着患者的健康,患有这种病的人,双手会有不同程度的颤抖,影响日常生活和用餐。因此,他们在用餐时,食物经常会撒落一地,甚至一不小心就会打翻餐具。Eatwell 可以有效减轻这一问题,帮助患者增加食量,并且尽可能地简化进餐的过程。

Eatwell 是一套人人都可以使用的通用餐具,但是对于有认知功能障碍的老年人、儿童和监护人来说,特别有价值。每套餐具中有 20 多项针对性设计,每一项设计的细节都来源于四年的研发结果。它最明显的特点就是颜色,根据(波士顿大学)研究显示,色彩鲜艳的餐具可以促进人多摄入 24% 的食物和 84% 以上的水。餐具运用了这个原理,用视觉效果来刺激使用者用餐。此外,碗的底部还做了倾斜设计,可以让食物自动聚到一边,垂直的碗壁有助于防止食物意外滑出。汤匙的特殊设计配合了碗的弧度,让舀取食物变得容易很多。餐具包含两个杯子,其中一个杯子为了防止翻倒,设计了橡胶底座来稳住杯体。另一个杯子的杯柄,则延伸到了桌面上,以增加支撑力,杯柄的设计也特别利于关节炎患者使用。每个餐具的底部均有防滑设计,防止在使用中滑动。餐具里还附有一个盘托,杯托两侧有两个橡胶开孔,可以让餐巾塞入盘托中,接住掉落的食物,避免弄脏衣物(见图 2-6)。

这款餐具的创意源于姚彦慈对外婆的爱,自从外婆得了阿尔茨海默病以后,逐渐丧失了自主能力,就连吃东西都变得很困难。她希望能借助这款设计,帮助外婆和更多行动不便的病人。

资料来源:https://mp.weixin.qq.com/s/drb3dwhcp-Yb6EnB3oiGzQ。

图 2-6 Eatwell

6. 能否代用

能否代用的检核内容包括:能否代替?用什么代替?有何别的排列、成分、材料、过程、能源、音响、颜色、照明?

【例2.7】 U形"小萌刷"

孩子不爱刷牙,几乎是家长们逃不掉的难题。医生建议,一般从孩子长第一颗牙后,就该开始刷牙了。如果孩子平时不好好刷牙或清洁不到位,就很容易形成蛀牙,不仅影响美观,而且不利于咀嚼、颌骨发育,对孩子的身心健康都不好。

专家建议,儿童从小使用"贝氏刷牙法",才能把牙齿清洁干净。

其要义在于:

① 刷毛放在牙齿、牙龈交界处,始终保持斜45°角。

② 各个角落都不能落下,每次要坚持3~5分钟!

这么严格的刷牙方法,大人都不一定能天天做得到,更何况好动的小孩子。

而艾诗摩尔(ASHMORE)儿童U形电动牙刷,专为2~7岁儿童设计,遵循斜切刷牙法,50秒帮助孩子有效洁牙!不同于传统的电动牙刷,它的刷头采用U形设计,跟孩子的牙齿弧度相似,6D贴合牙齿,深度多面清洁口腔(见图2-7)。

这款牙刷不仅看起来萌,还带有教学语音引导,给孩子刷牙带来更多乐趣。只要孩子按下小鸭嘴,就有欢快的语音响起。孩子咬住U形刷头后,"左右左右摇一摇",一步步在小萌刷的引导下进行刷牙,50秒深度清洁,让孩子爱上刷牙!

图2-7 艾诗摩尔儿童U形电动牙刷

而且,它非常接近贝氏刷牙法提倡的角度,刷毛呈45°~70°,用它代替传统的儿童牙刷,能够在深层清洁的同时,保护孩子的小牙和牙龈。

资料来源:https://mp.weixin.qq.com/s/IqoubZONb_XRQyuXQo06Bw。

7. 能否调整

能否调整的检核内容包括:能否变换?有无互换的成分?能否变换模式、布置顺序、操作工序、因果关系、速度或频率、工作规范?

【例2.8】 在实践中创造高校在线教学新高峰

"从2月4日至今3个多月的情况看,教育行政部门和高校有预案不乱、教师有准备不慌、学生有事做心安,有力保证了全国高校大局稳定。"在2020年5月14日教育部举行的新闻发布会上,教育部高等教育司司长吴岩介绍了疫情期间高校在线教育情况。

疫情发生后,教育部第一时间研判形势、果断决策,于2月4日印发了《关于疫情防控期间做好普通高等学校在线教学组织与管理工作的指导意见》,决定在高校全面实施在线教学(见图2-8)。

"指导意见发布后,各地教育行政部门和高校快速响应,按照'停课不停教、停课不停学'的要求,制定了一地一案、一校一策或一校多策的在线教学方案。"吴岩说。

吴岩表示,本次在线教学规模之大、范围之广、程度之深,是世界高等教育史上前所未有的创举和全球范围内的首次实验,不仅成功应对了疫情带来的停学、停教、停课危机,稳住了武汉高校,稳住了湖北高校,稳住了全国高校,而且在实践中创造了在线教学的新高峰,探索了在线教学的新实践,形成了在线教学的新范式,对中国高等教育和世界高等教育未来的改革创新发展意义深远。

图 2-8 在线教学

吴岩介绍,在高校应对危机开展在线教育教学的实践中,出现了四大新变化:改变了教师的"教",教师的教学信息化素养空前提高;改变了学生的"学";改变了学校的"管",学校依靠大数据收到了更加精准有效的管理成效;改变了教育的形态,形成了时时、处处、人人皆可学的新的教育形态。

资料来源(节选):http://www.moe.gov.cn/fbh/live/2020/51987/mtbd/202005/t20200518_455656.html。

8. 能否颠倒

能否颠倒的检核内容包括:能否颠倒? 能否颠倒正负、正反、头尾、上下、位置、作用?

【例 2.9】 反向伞

最近不少地区受台风影响,雨总下个不停,伞面总是湿漉漉的,带回家又弄得地板上都是水,一遍一遍地拖,真的很麻烦! 更惨的是有车一族,每次开伞收伞,几乎湿一身。收进车里的伞,又弄得车上湿漉漉的,怎么放都不是,一不小心还会弄湿一些重要文件,真是太麻烦了。

为了解决这些烦恼,2010 年,一直致力于创新制伞的左都公司,结合了专业的数学应用和精密的工程学知识,设计出了一款更合理又人性化的左都(ZUODU)全自动反向伞(见图 2-9)。

为什么叫反向收伞呢? 是因为这款雨伞收起来后,湿面朝内,干面朝外,不会像普通的伞一样弄得到处是水。这样的反向收伞设计,可以很好地让雨水流出,既避免了沾湿东西,也不容易弄湿衣服。

资料来源:https://mp.weixin.qq.com/s/Y8EIYBo1-FIskkeecl0dZQ。

9. 能否组合

能否组合的检核内容包括:能否重新组合? 能否尝试混合、合成、配合、协调、配套? 能否把物体组合、目的组合、特性组合、观念组合?

(a) 普通雨伞　　　　　　(b) 左都反向伞

图 2-9　普通雨伞与反向伞对比图

【例 2.10】 瑞士 micro 米高 lazy luggage 懒人行李箱

节假日期间带着孩子外出旅游,大包小包的行李,会让人手忙脚乱。孩子哭了要抱着,行李也要拖着,真的是会造成极大的困扰,不仅会影响到对旅游的热情,也会让人感觉身心疲惫。

为了能实现完美的旅行计划,瑞士 micro 米高打造的这款懒人行李箱真的可以说得上是救星了。

图 2-10　懒人行李箱

它的妙处在于,既是一个小巧便携的旅行箱,又可以"一秒变身"成移动座椅。换句话说,一个箱子=行李箱+手推车(见图 2-10),方便实用,大人小孩都喜欢。

如果带孩子外出,尤其是带着孩子外出旅行时,这款瑞士 micro 米高懒人行李箱简直就是解放爸妈双手的神器。大家不用再一手拖着行李箱、一手推着车(甚至要抱着娃),使用懒人行李箱,同时轻松搞定两件事。它的收纳也很简单,只要按住前轮车杆上的按钮,就能收放自如。而且它后面的三角支架不仅可以收起来,还可以单独拆下来,就算你出门不带箱子也可以直接拿起支架当婴儿推车用!

资料来源:http://k.sina.com.cn/article_3688920760_vdbe076b80190020wh.html。

2.3.2　和田十二法

和田十二法,又叫"和田创新法则"或"和田创新十二法",是我国学者许立言、张福奎在检核表的基础上提炼出来的,原名"十二个聪明的办法",是一种有效的发明用检核表。它涉及的动词分别是:加一加,减一减,扩一扩,缩一缩,变一变,改一改,搬一搬,学一学,联一联,反一反,代一代,定一定。其中的"联一联""定一定"等,就是一种新发展。而且,这些技法更通俗易懂,简便易行,便于推广和应用。

1. 加一加

加一加是指把一件物品的尺寸加大、加长、加高、加宽;数量上增多;功能上增加,使其在形态上、功能上、尺寸上有所变化,实现创新。

【例2.11】 加一加案例

(a) 穿绳式垃圾袋。它在垃圾袋的边缘增加了一根绳子,倒垃圾时,一拉即可,不会把手弄脏。(b) 点读书。绘本配上点读笔,哪里不会点哪里,给孩子的学习带来方便,提高孩子的学习兴趣。(c) 六面烤蛋卷炉。为了充分利用资源,节省时间,发明者设计出了六面可用的烤蛋卷机,通过旋转烤炉加热,一圈过后,蛋卷就烤好了,一次可烤6个,方便快捷(见图2-11)。

(a) 穿绳式垃圾袋　　(b) 点读书　　(c) 六面烤蛋卷炉

图2-11　加一加案例

2. 减一减

某件物品上有可以减去的部分吗?操作流程可以简化吗?减一减是指通过对物品在形态上、功能上、尺寸上的减少,实现创新。

【例2.12】 减一减案例

(a) 平衡车,也就是去掉了脚蹬的自行车。儿童通过平衡车的练习,可提升其平衡力,改善感觉统合综合能力,有利于孩子形成良好的意志品质,增强自信心。(b) 死飞自行车。死飞自行车的设计趋于简洁,通常是不配备前后变速装置的单速齿轮车,有固定的齿比;由于一些死飞比赛有准入规则,不能加装可能对选手造成伤害的零件,所以死飞自行车也通常没有支架、挡泥板、车锁、车铃等部件。(c) 无线鼠标和键盘。为方便使用,去掉连接线,用蓝牙、Wi-Fi等技术将鼠标和键盘与电脑相连,简洁便利(见图2-12)。

(a) 平衡车　　(b) 死飞自行车　　(c) 无线鼠标、键盘

图2-12　减一减案例

3. 扩一扩

扩一扩是指把一个物品扩大一点、放宽一点、扩充一点，使功能产生明显变化。

【例 2.13】 扩一扩案例

(a) 120 英寸液晶电视机。通过扩大电视机的尺寸，给人们更好的视觉体验；还有现在常用的投影机等，都是这个道理。(b) 烘干机。使吹风机的体积变大，功率变大，制作出烘干机。(c) 双人雨伞、双人雨披。提高雨天的避雨效果（见图 2-13）。

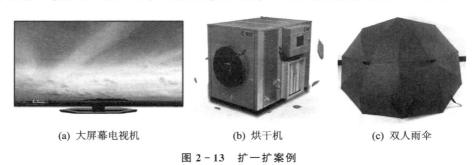

(a) 大屏幕电视机　　　　(b) 烘干机　　　　(c) 双人雨伞

图 2-13 扩一扩案例

4. 缩一缩

缩一缩是指把某件东西压缩、折叠、缩小。缩一缩之后它的功能、用途会发生怎样的变化呢？"缩一缩"主要是从改小、缩短、缩小等角度考虑问题。

【例 2.14】 缩一缩案例

(a) 可折叠电水壶。壶身可折叠设计，折叠后不到一个手机的高度，出游带它，不占地方。可分离电源线，收纳更方便；可折叠手柄，卡扣设计，卡紧后不松动，倒水无隐患。"折叠家族"还有可折叠的水杯、"一巴掌就能拍扁的锅"、可折叠澡盆、可折叠足浴盆等。(b) 超轻便携旅行电吹风。吹风机缩小到只有手机大小，小巧便捷，专业级折叠旅行吹风机，轻松解决出行吹发难题。(c) 明基 GS1 小型投影机。只有字典大小，不带电池时大约只有 500 g。无论是在家里学习，还是出行休闲，观看方便快捷。(d) 网易有道口袋打印机。它只有巴掌大小，不需插电，还不用墨水，是可以装进口袋的打印机（见图 2-14）。

(a) 可折叠电水壶　　(b) 便携电吹风　　(c) 明基GS1小型投影机　　(d) 有道口袋打印机

图 2-14 缩一缩案例

5. 变一变

变一变是指使一个物品改变形状、尺寸、颜色、音响、味道等,使人有种新感觉。

【例 2.15】 变一变案例

(a) 明基智能儿童护眼灯。可以红外线感应、入座开灯;还能主动进行亮度侦测、智能调光,提供舒适的光源,无频闪、无炫光、无蓝光危害,保护孩子的眼睛。(b) 猫爪杯。最近在星巴克发售了一款非常可爱漂亮的猫爪杯,这个猫爪杯一下子就成为了新晋网红,在抖音微博上非常火,引起不少网友疯抢。(c) 雨课堂光感应黑板。它通过高精度红外技术将粉笔书写的轨迹实时记录下来,并实时同步到教室投影幕布和学生微信上,与 PPT 内容融为一体,实现板书的数字化、网络化。雨课堂和光感应黑板的结合,老师讲课的 PPT、语音、板书、互动,都能被完整记录下来,学生可在电脑手机等显示设备随时回看。雨课堂光感应黑板,轻松记录课堂,让教学无死角。(d) 无人超市。随着经济的发展,工作生活节奏不断加快,智能手机和移动支付迅速普及,凭借便利性、低成本、24 小时营业等诸多优势,自动售货终端无人设备将成为未来快销品行业的新兴销售渠道(见图 2-15)。

(a) 明基智能儿童护眼灯　　(b) 猫爪杯　　(c) 雨课堂光感应黑板　　(d) 无人超市

图 2-15　变一变案例

6. 改一改

改一改是指对一个物品原来的形状、结构、性能的改进,使之出现新的形态和新的功能。这里主要是针对原有物品在使用时的不足或缺点,通过改一改,尽可能地消除缺点,使其更方便、更能满足顾客需求。

【例 2.16】 改一改案例

(a) 蓝月亮洗衣液的瓶身设计。专利大泵头,一泵 8g 精准计算;泵嘴上倾,液体回吸不残留;吸管弯曲,余液不浪费;单手操作,轻松一泵洗半筒。(b) 半袋包装设计。儿童在吃感冒药时,经常会出现半袋的情况,药量不好把控,小快克半袋包装设计特别贴心,可以精准用药,解决了家长的后顾之忧。(c) 无痕衣架。多功能衣架,干湿两用,适用各种尺寸衣服,不易脱落,不鼓包。(d) 成长型学习桌椅。可以随着孩子的成长而调整升降,3 岁的孩子到成人,都可以使用(见图 2-16)。

  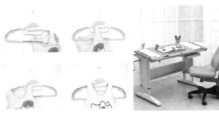

(a) 蓝月亮大泵头设计　　(b) 半袋包装设计　　(c) 无痕衣架　　(d) 成长型桌椅

图 2-16　改一改案例

7. 搬一搬

搬一搬是指把一件事物搬到别的地方,运用于新的领域;或是把某个设想、原理、技术等搬到别的场合或地方;或找到现有物品的新用途等。

【例 2.17】 搬一搬案例

把洗衣机运用于洗土豆、洗地瓜,从而生产出既能洗衣服,又能洗土豆、洗地瓜的多功能洗衣机,我们甚至可以将洗衣机用于洗鞋子,这样就能生产出系列产品(见图 2-17)。

(a) 洗鞋机　　　　　(b) 洗小龙虾机　　　　(c) 洗地瓜机

图 2-17　搬一搬案例

8. 学一学

学一学是指学习或模仿其他事物的形状、结构、方法或原理等。

【例 2.18】 学一学案例

(a) 润眼雾化仪。受美容院面部补水仪的启发,将它应用到眼部护理上。润眼雾化仪采用超声波雾化的方式,出雾细腻、柔和、均匀,可用于眼部滋润、清洁护理,缓解眼疲劳。(b) 擦玻璃机器人。仿人工擦拭,像妈妈的手擦拭每一扇玻璃,解放你的双手,让你有更多的时间陪伴家人(见图 2-18)。

(a) 润眼雾化仪　　　　　　(b) 擦玻璃机器人

图 2-18　学一学案例

9. 联一联

联一联是指寻找某个事物的结果和引起该结果的原因之间的联系,从事物之间的联系中找到解决方案或提出新思路。

【例 2.19】　联一联案例

在 20 世纪 90 年代,沃尔玛的超市管理人员分析销售数据时发现了一个令人难以理解的现象:在某些特定的情况下,"啤酒"与"尿布"(见图 2-19)两件看上去毫无关系的商品会经常出现在同一个购物篮中,这种独特的销售现象引起了管理人员的注意,经过后续调查发现,这种现象出现在年轻的父亲身上。原来,美国的妇女通常在家照顾孩子,所以她们经常会嘱咐丈夫在下班回家的路上为孩子买尿布,而丈夫在买尿布的同时又会顺手购买自己爱喝的啤酒。

图 2-19　啤酒和尿布

10. 反一反

反一反是逆向思维的一种体现,即把某一物品的形状、性质、功能反一反,做出新的创造。

【例 2.20】　反一反案例

(a) 假发。最初是为脱发或光头者准备的。现在,人们为了追求时尚也开始使用。(b) 小脏鞋。20 世纪末,时尚界有很多"假扮前卫"来吸引大众购买的设计,为了吸引注意力,而选择与传统审美完全相反的立场。(c) 瘦身燃脂仪。原来我们要想减肥,需要自己主动做大量的运动,使脂肪燃烧起来。现在,只要将该仪器放在想瘦的部位,这个黑科技神器就会施加作用力上去,让你的肌肉被动运动,每天只要 10 分钟,带动肌肉深层运动,燃烧脂肪团,就能够轻松美体塑身(见图 2-20)。

(a) 假　发　　　　　　(b) 小脏鞋　　　　　　(c) 瘦身燃脂仪

图 2-20　反一反案例

11. 代一代

"代"即替代的方法,是指用其他的事物(材料、方法、工具、商品等)代替现有的事物,从而达到更好的使用效果,实现创新。

【例 2.21】　代一代案例

(a) 硅藻泥,即会呼吸的墙。现在很多人在装修时会用硅藻泥取代传统的涂料、油漆等。硅藻泥天然环保,一是可吸收分解空气中的游离甲醛、苯、甲苯、氨等有害物质,消除异味,净化空气;二是调湿性强,可调节室内温度,而且硅藻泥表面多孔,吸音性能显著;三是使用寿命长达 50 年左右,不褪色,颜色恒久如新。(b) 手削藕粉。藕粉既易于消化,又健脾益气、补血美颜,富含多种微量元素,对于想减肥的女性来说,一碗藕粉,健康饱腹,不到十几克就能代替一餐,不再担心长胖。(c) 防雾眼镜布。防水纳米粒子形成保护膜,防止水汽凝结,高度防雾,早晨出门前擦一擦,就可以有 8~10 小时的"高清无码"视觉享受。(d) 再生纸制品。用再生纸替代原浆纸,制成笔记本、书籍等印刷品,成本低,更护眼(见图 2-21)。

(a) 硅藻泥　　　(b) 代餐手削藕粉　　(c) 防雾眼镜布　　(d) 再生纸笔记本

图 2-21　代一代案例

12. 定一定

定一定是为了解决某一问题或改造某件东西,提高学习、工作效率和防止可能发生的事故或疏漏等,而需要做出的一些规定。

【例 2.22】 定一定案例

(a) 定量勺,如烘焙时常用到的 2.5 mL、5 mL、7.5 mL、15 mL 定量勺,以及 2 g 的控盐勺等,准确快捷。(b) 一米线。在银行办理业务时,为保护个人隐私,会画出一条一米线,为下一位客户等候区域。(c) 地铁地面上的上下车标志。该标志清楚地表示两边上车,中间下车,方便乘客有序上下车。(d) 指定拿、放餐具的地点。此举使就餐更有序,管理成本更低(见图 2-22)。

(a) 定量勺　　(b) 一米线　　(c) 地铁站的上下车标志　　(d) 指定拿、放餐具地点

图 2-22　定一定案例

2.4　类比法

类比(Analogy)这个词最开始是数学家表示比例关系方面的相似性,后来又扩展到作用关系方面的相似性。

我们在运用类比发明创造新事物时,首先发现已有事物的某个属性与将要创造发明的新事物的属性契合,然后就将已有事物的其他与该属性相关的属性运用到新事物的发明上,即通过找到具有相同或相似属性的其他已有事物,将决定该属性的形状、结构、原理等运用于我们需要的、正在创造的事物。类比法按原理可分为直接类比、拟人类比、象征类比、幻想类比、仿生类比、因果类比、对称类比和综合类比 8 种。此处重点介绍直接类比。

直接类比,是指从自然界的现象中或人类社会已有的发明成果中寻找与创造对象(形态、结构、功能等)相类似的事物,并通过比较启发出创造性设想。

直接类比主要有三种类比形式,具体如下:

2.4.1　形态类比

形态相似是指不同事物在形态上的相似,使人产生相似联想。形态包括形状、颜色、肌理三个方面,形态相似是形态模拟的基础。形态模拟是通过对事物外在形态的模拟,在造型设计中启发灵感和拓展思路的方法。

如水立方设计方案,其将建筑与水分子的几何形状加以类比,并通过材质表现了波光粼粼的水的感觉(见图 2-23)。通过此建筑可以很直观地感受外形类比带给人们的无限灵感和创意。

图 2-23 水立方

2.4.2 结构类比

事物的结构是丰富多彩、千变万化的,但是各种事物间的结构又有着奇妙的相似性和规律性,看似完全不同的事物之间,有时却有着相似的结构和排列组成方式。结构类比主要有结构相似和结构模拟两类。结构相似是指不同事物的组成部分搭配和排列上的相假,而结构模拟是发现相距甚远的事物之间的结构问题,然后通过联想和类比进行结构移植、结构仿生,以达到开辟新的结构思路的方法。

如法国的 abeilles 蜜蜂建筑,"蜂巢"既是建筑的外表皮,也是建筑结构的受力主体,这样核心筒之外的内部空间便不再需要额外的柱子(见图 2-24)。

图 2-24 法国 abeilles 蜜蜂建筑

2.4.3 功能类比

功能模拟法是以模型之间的功能相似为基础,通过从功能到功能的方式,模拟原型功能。它不受原型外观形态的制约,不受原型内部机构的制约,不受原型材质的制约,只对功能进行模拟。所谓功能,就是指事物的功效和作用。目前常用的计算机就是通过功能模拟代替了人脑的一部分思维功能及判断、选择和计算的功能,因此被称为

"电脑"。

　　蚂蚁在出去寻找食物的时候,就会时不时地返回蚁巢重新调整导航系统以防迷路。蚂蚁不但通过路标来确定方向,还拥有一种名为"路径整合器"的备份系统。该系统会对走过的距离进行测量并通过体内的罗盘不时地重新测算蚂蚁所在的位置。这使得蚂蚁即便在离开巢穴时走过的路跟迷宫一样,也能找到直线返回巢穴的路径,减少路程。现在科学家正在利用这一理念制造出更智能的机器人。苏黎士大学的马库斯·克纳登教授指出,如果从蚂蚁那里学到路径整合以及识别路标的知识,就能将这些应用到自动化机器人身上。其中包括在重要位置重新设置调整导航系统,这能使机器人在辨别方向上的性能更加可靠(见图 2 – 25)。

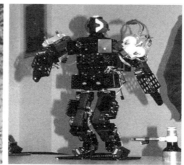

图 2 – 25　导航机器人类比了蚂蚁的路径整合功能

　　功能类比的操作主要分为 4 个步骤,具体如下:

　　第一步,功能定义。用比较抽象的概念把原型的功能问题表达出来,体现出需要的本质问题。比如,我们要设计一个自动防漏气的自行车轮胎,"自我服务"就是我们要解决的最根本问题。

　　第二步,寻找具有相似功能的可替代物。

　　第三步,对原型的功能进行模拟。

　　第四步,通过材料研发等技术手段实现创意,使新模型具有与原型相同的功能。

2.5　组合分解法

　　组合是客观世界中十分普遍的现象。小至微观世界的原子、分子,大至宇宙中的天体、星系,到处都存在组合的现象。组合的结果是复杂的,组合的可能性是无穷的。同样是碳原子,由于晶体构造不同,便有了异常坚硬的金刚石和脆弱的石墨。在化学中,具有相同的分子式,但由于内部结构不同,而表现出不同特性的化学物质更是屡见不鲜。为组合现象提供精确的数学描述是组合数学和概率论,其中包含大家所熟知的排列组合和各种"博彩"游戏。

　　从人的思维角度来看,想象的本质就是组合。心理学研究表明,创造性想象可以借助不同的手段去建立不同的表象。中国古代的"龙"就是以蛇为主体,结合兽脚、马头、鹿角、鱼鳞等其他特征的超现实想象。人面狮身的斯芬克斯和传说中的美人鱼都是人类组合思维的杰作。

组合的概念有广义与狭义之分。广义的组合是指不受学科、领域限制的信息的汇合、事物的结合、过程的排列等。它体现在各个不同的领域当中,其形式也是极为多样的。例如,儿童的积木游戏、饮食中的烹调、产品新功能的设计、文学艺术形象的创作、建筑学和电影中的"蒙太奇"等。狭义的组合则是指在技术发明范围内,将多个独立的技术因素(如现象、原理、材料、工艺、方法、物品、零部件等)重新组合,以获得具有统一整体和功能协调的新产品、新材料、新工艺等,或者使原有产品的功能更加全面、原有的工艺过程更加先进等。这里的组合并不是一种简单的罗列、机械的叠加。例如,一根饮料吸管和一把小勺放在一起并不是创造组合,而把小勺固定在吸管的一端,并满足人们的实用和审美要求时,就可以称为创造组合。

日本创造学家高桥浩说:"创造的原理,最终是信息的截断和再组合,把集中起来的信息分散开,以新的观点再将其组合起来,便会产生新的事物或方法。"组分型创新方法绝非简单的分离、罗列叠加,组分法中涉及的组合与分离时常会互补出现。各种元素组合在一起的根本目的是形成集合效应,实现单个元素实现不了的效果和价值,就像系统论中所描述的那样,系统的效果必须大于系统内各元素单独效果之和。较具代表性的组合物品见图 2-26。

(a) 旱冰鞋　　　　(b) 模块化手机　　　　(c) 组合式家具

图 2-26　组分法案例

在对组分型创新技法有了一定认识的基础上,本节将主要介绍组分型创新方法的典型方法——形态分析法,以及其相关引申方法——信息交合法、主体附加法、分解法等。

2.5.1　形态分析法

1. 形态分析法的概念

形态分析法(Morphological Analysis)是美籍瑞士科学家茨维基于 1942 年提出的。它是以系统分析和综合为基础,用集合理论对研究对象相关形态要素的分解排列和重新组合,得出所有可能的总体方案,最后通过评价进行选择。

第二次世界大战期间,茨维基在研究火箭结构方案时运用"形态分析"的思考方法,在当时的技术水平上,将火箭分解为6大基本要素:使发动机工作的媒介物、推进燃料的工作方式、推进燃料的物理状态、推进的动力装置类型、点火的类型、做功的连续性。然后又对每一个要素进行了形态分析,最终得出了576种火箭构造方案,如表2-2所列。

表2-2 茨维基运用形态分析法获得的火箭构造方案

序号	火箭必备的要素	形态1	形态2	形态3	形态4	形态数量统计功能
1	使发动机工作的媒介物	真空	大气	水	粒子流	4
2	推进燃料的工作方式	静止	移动	振动	回转	4
3	推进燃料的物理状态	气体	液体	固体		3
4	推进的动力装置类型	内藏	外装	无		3
5	点火的类型	自动点火	外点火			2
6	做功的连续性	持续	断续			2
可能方案数:$4 \times 4 \times 3 \times 3 \times 2 \times 2 = 576$							

形态分析法的核心是组合,但在组合之前要进行系统的分析。形态分析法的一个突出特点就是所得方案具有全解化性质,获得的结果非常多,并且非常全面,有时又显得有些烦琐和无边际。因此,运用此方法最好选取一个元素和形态有限的问题,以避免无限延伸,形成过于庞大的解决策略体系。形态分析法的另一个特点是具有形式化性质,它需要的不是发明者的直觉和想象,而是依靠发明者认真、细致、严密的工作并精通与发明课题有关的专门知识。经验证明,有专门知识和经验的个人或者包括2~3名成员的小组是运用此方法较适当的组织形式。形态分析法经常应用于一些专业领域,在专业领域的创造活动中可起到重要的作用。

2. 形态分析法的实施步骤

形态分析法的实施具有一定的程序性,在发明创造求解过程中常分为五个步骤,具体实施步骤如下:

第一步,明确有待解决的问题。也就是决定要分析的对象。

第二步,因素分析。也就是根据需要解决的问题,列出创造对象的所有构成要素。这些要素之间要彼此独立,不能存在包含关系,且尽可能选取与最终目标关联性大的因素。

第三步,形态分析,即对研究对象所列举的各个因素进行形态分析,运用发散思维列出各因素全部可能的形态。

第四步,形态组合。分别将各因素的各形态一一加以排列组合,以获得所有可能的组合设想。

第五步,筛选最佳设想方案。由于所得设想数往往很大,所以设想评选工作量较大,通常要以新颖性、价值性、可行性三者为标准进行多轮筛选和考评。

【例 2.23】 某厂饮料包装的构造方案(见表 2-3)

创造对象:饮料包装容器。
要求:携带方便、外观透明、成本低等。
组成要素:材料、容量、形状、开启方式。

表 2-3 某厂饮料包装构造方案

序 号	组成要素	形态 1	形态 2	形态 3	形态 4	形态 5	形态数量统计
1	材料	纸	金属	玻璃	塑料		4
2	容量	125 mL	250 mL	500 mL	1 000 mL	2 000 mL	5
3	形状	方形	圆柱	球形	圆锥形		4
可能方案数:4×5×4=80							

从表 2-3 可知:共有 4×5×4=80 种方案。

评价筛选、组合方案:考虑到携带便利、外观透明、成本低的要求,宜采用圆柱、500 mL 装的塑料容器。如果再考虑开启方式等其他组成要素,其方案数将达到几百种。

2.5.2 信息交合法

1. 信息交合法的概念

在组合系列技法的探索中,最具影响的中国特色技法是我国许国泰提出的信息交合法,又称魔球法。它是利用不同信息进行交合而获得新设想的一种创造方法。

【例 2.24】 曲别针的用途

1983 年 7 月,中国创造学第一届学术讨论会在南宁召开。会上除了国内诸多学者、专家参加外,还邀请了日本专家村上幸雄。村上先生给大家做了精彩的演讲,演讲中,他突然拿出一把曲别针说:"请大家想一想,尽量放开思路来想,曲别针有多少种用途?"与会代表七嘴八舌地议论开了:"曲别针可用来别东西——别相片、别稿纸、别床单、别衣物。"有人想的要奇特一点:"纽扣掉了,可用曲别针拉长,连接东西。""可将曲别针磨尖,去钓鱼……"归纳起来,大家说出了 20 来种用途。在大家议论的时候,有代表问村上:"先生,那你能讲出多少种?"村上故作神秘地莞尔一笑,然后伸出三个指头。代表问:"30 种?"村上自豪地说:"不!300 种!"人们一下子愣住了。村上先生拿出早已准备好的幻灯片,展示了曲别针的多种用途。

在与会代表中就有许国泰,看着村上先生颇为自负的神态,他心里泛起浪潮:在硬件方面,或许我们暂时还赶不上你们,但是,在软件上——在思维能力及聪慧上,咱们倒可以一试高低!与会期间,他对村上说:"对曲别针的用途,我能说出 3 000 种、

30 000种!"人们更惊讶了:"这不是吹牛吗?"许国泰登上讲台,在黑板上画出了图,然后,他指着图说,"村上先生讲的用途可用勾、挂、别、联4个字概括,要突破这种格局,就要借助一种新思维工具——信息标与信息反应场"。他首先把曲别针的若干信息加以排序:如材质、重量、体积、长度、截面、韧性、颜色、弹性、硬度、直边、弧等,这些信息组成了信息标 X 轴。然后,他又把与曲别针相关的人类实践加以排序:如数学、文字、物理、化学、磁、电、音乐、美术等,并将它们连成信息标 Y 轴。两轴相交并垂直延伸,就组成了"信息反应场"。现在,只要我们将两轴各点上的要素依次"相交合",就会产生出人们意想不到的无数的新信息来。比如,将 Y 轴的数学点,与 X 轴上的材质点相交,曲别针可弯成 1、2、3、4、5、6……+、-、×、÷等数字和符号,用来进行四则运算。同理,Y 轴上的文字点与 X 轴上材质、直边、弧等点相交,曲别针可做成英、俄、法等各国字母。再比如,Y 轴上的点与 X 轴上的长度相交,曲别针就可以变成导线、开关、铁绳……。看,这是一个多么广阔、多么神奇的思维空间(见图 2-27)。

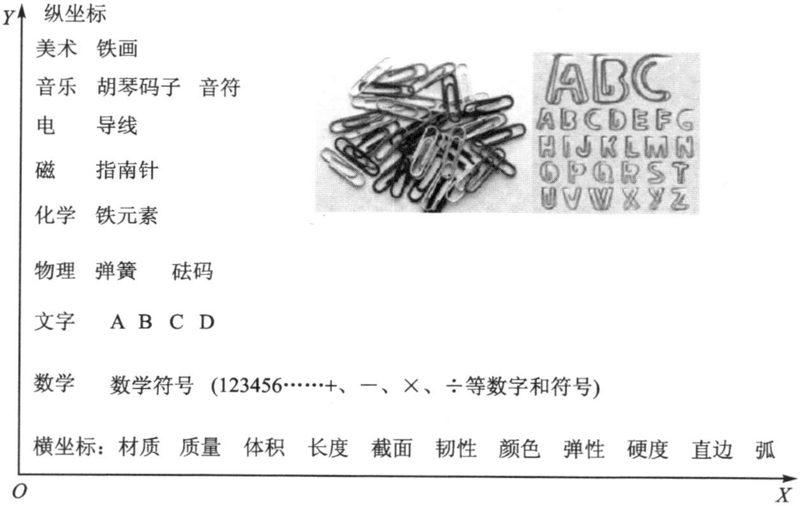

图 2-27 曲别针的信息反应场

信息交合法的基本内容可以表述为:一切创造活动都是信息的运算、交合、复制和繁殖的活动。借用坐标方法,设一个信息为一个要素,同一类或同一系统信息按要素展开,用一根线串起来,这条线称为信息标。要使信息交合,就要提供一个使信息能够在一起反应的"场",这个场称为"信息反应场",最少由两维信息标相连而成,当然也可以是多维的。各信息标上的要素沿垂直于信息标的方向延伸出来,产生许多交合点,即所谓信息交合所产生的信息,其中便可能有新的有价值的信息。

2. 信息交合法的实施步骤

信息交合法的具体实施步骤可以分为以下五步:

第一步,定中心,即确定所研究的对象,也就是零坐标。如研究"曲别针的用途",就以其为中心。

第二步，画标线，即用矢量标串起信息序列，也就是根据研究对象的需要画出几条坐标轴。

第三步，注标点，在信息轴上标出有关的信息点。例如在曲别针的属性轴上标出材质、重量、硬度等。

第四步，相交合，取不同信息轴上的信息进行交合就可产生新信息。例如，曲别针中的外界信息轴上的"磁"与属性轴上的"材质"相交合，就产生了"指南针"。

第五步，在产生的所有新设想中，进行筛选，寻找出最优的方案。

通过以上五步，人们可以将某些看起来似乎是孤立、零散的信息，通过相似、接近、因果、对比等联想手段整合在一起。信息的引入和变换会引出系列的信息组合，只有这种新的组合才能打破旧习惯，改变旧结构，创造新结构。这是不同信息之间相互渗透、相互制约、互为因果的反应过程，也是人们对潜意识能力的开发。

与二维形态分析法相比，多维的信息交合法对非逻辑思维要求更高，是逻辑思维与非逻辑思维共同作用的一种创新方法，列出标线及标注每条标线上的信息因子运用的是逻辑思维，而在信息反应场中运用信息交合产生新事物，则需借助一定的非逻辑思维，尤其是要借助想象、联想等方式产生新信息。

2.5.3 主体附加法

1. 主体附加法的概念

主体附加法，又称内插式组合法，是以某一特定对象为主体，通过置换或插入其他事物或技术，从而导致发明或革新的方法。它是对材料、元件、方法和技术等组合方式的灵活运用的结果。主体附加法常常在产品不断升级和完善的过程中使用。例如，最初发明的电风扇是单速的，并且不能摆头。后来，人们逐渐增加了诸如摆头、双叶、模拟自然风的变速、定时等附加事物，使电风扇的品种和功能变得多样化。主体附加法的特点是以原有技术、产品为主体，附加只是补充。附加的目的有两种：一是为了使主体的功能得到更好的发挥，例如在自行车上附加打气筒、车筐、车铃，以及电助力系统等；另外一种是获得一些辅助功能，例如带温度计的奶瓶、带秤的菜篮等（见图 2-28）。

(a) 照明电风扇

(b) 电助力车

(c) 温度计奶瓶

图 2-28 主体附加法案例

2. 主体附加法的实施步骤和应用形式

主体附加法的实施步骤有五步,具体如下:

第一步,选择要改进的事物,即确定主体。

第二步,确定新功能。将原主体的功能与组成分解,经过分析比较找出原主体的不足,确定改进后应具备的新功能。

第三步,确定附加件(即内插件)。根据新功能的要求确定要附加的事物。

第四步,确定主体与附加件的连接方式与结构。

第五步,进行附加组合。

运用主体附加法时,通常采用两种应用形式,具体如下:

一是不改变主体的任何结构,只在主体上连接某种附加要素。例如,在电风扇上添加香水盒,在卡车上附加简易起吊装置,在铅笔上附加橡皮头,在矿泉水中添加对人体有益的微量元素等。

二是要对主体的内部结构做适当的改变或替代,以使主体与附加物能协调运作,实现整体功能。

主体附加的应用案例见图 2-29。

(a) 共享单车

(b) 谷歌眼镜

(c) 智能手表

(d) 智能家居

图 2-29 主体附加的应用案例

2.5.4 分解法

1. 分解法的概念

分解法就是通过对某一事物(原理、结构、功能、用途等)进行分解以求发明、创造的方法。这里的分解并不是简单的拆分,而是有目的的、有意义的分开,使一个整体成为相互独立的几个部分。从分解价值角度来看,对于一个整体,只要能分解成异于的原理、结构、功能、用途等,或者分解出新的事物,就具有对其分解的价值。

分解法的关键就在于分解方式的选取,不同的分解方式将带来不同的效果。分解法的实质就在于通过整体还原成部分的方式重新审视部分对整体的意义,以及部分与部分之间的关系,通过部分的变化带来整体的改变。

分解法不仅有助于突破陈旧的观念和思维定势,也有助于拓展和建立不同事物之间的联系,增加事物之间变化的可能性。有些美妙的图画,分解来看就会发现,其实用于构图的基本元素少之又少,有些画家甚至用一种简单的图案元素,如圆点、三角形、直线,就能完成一幅巨制。因此,如果将一个完整的事物分解成一些简单的元素,那么就可以将这些元素再重新组合成另外一种事物,这样就打通了事物之间的界限,带来新奇的变化。我国古代成语"化繁为简"则是分解法的一个典型应用。

分解与组合是两种互为逆向的创新方法。分解并不仅仅是一个简单分离的过程,从什么角度加以分解,有一定的技巧。组合也并非简单地堆砌和罗列,组合偏重于系统性和目的性,既要符合创新者的意图,又要形成一个完善的体系。在具体的创新过程中,分解与组合往往同时使用,形成一种互补式的创新方法。

一般来说,在创新活动中,分解是组合的前提,新组合的诞生往往建立在对旧事物分解的基础上。比如,活字印刷术就是一种典型的建立在分解基础上的新组合(见图2-30)。组合则是分解的目的,事物分解的首要依据,就是为了实现更有效的组合。比如多功能螺丝刀,其将刀头和刀把加以分解,刀头可以随意更换,这种分解就是为了实现多个刀头和刀把之间的有效组合,以便应对不同类型的螺丝(见图2-31)。

图2-30 活字印刷

图2-31 多功能螺丝刀

2. 分解法的操作步骤

分解法的操作比较简单,其基本应用步骤如下:

第一步,选取一个完整的事物作为对象。

第二步,根据需要将对象进行分解。

第三步,通过对分解的各个部分进行分割、抽离、删除、置换或改造,形成新事物。

注意:在解决实际问题的过程中,可能不只使用一种创新方法,而是综合使用多种创新方法,从不同角度分析、解决问题。

习题:

(1) 普通的胶是一种黏稠的液体。胶必须是有黏性的,这样,可使需粘连的物体粘连在一起。但是,当我们把胶涂在物体表面时,它也常常会将手指粘连,这种情况是我们不希望发生的。请你尝试解决这个问题。

(2) 近年来随着城市的发展,年轻人对公寓的需求越来越大。对于30~50平方米的小户型公寓来说,设计是最考验人心的,因为小户型考虑到空间面积问题,很多家具都要做成多功能的,否则根本不够用。请运用组分型创新设计方法,设计类似沙发床等多功能家具,在能满足日常生活需求的同时节省空间。

(3) 公共交通工具的"最后一公里"是城市居民出行采用公共交通出行的主要障碍,也是建设绿色城市、低碳城市过程中面临的主要挑战。共享单车企业通过在校园、地铁站点、公交站点、居民区、商业区、公共服务区等提供服务,完成交通行业最后一块"拼图",带动居民使用其他公共交通工具的热情,与其他公共交通方式产生协同效应。共享单车蕴含着创新中的组合原理,它将互联网信息与传统自行车相组合;它借助互联网撮合平台,一举成为移动互联网浪潮的产物。请运用组分型创新方法,对日常生活用品进行创新设计,并简要介绍。

(4) 大部分小朋友对于打针都比较惧怕,这令许多家长和医生束手无策。我们能否在针筒上进行思考,设计一款新式针筒,转移儿童的注意力呢?

(5) 请运用头脑风暴法,设计一下未来的图书馆。

(6) 请认真观察生活,找找身边运用设问法创新的产品或创意,每种方法至少收集一个案例,不要与教材案例重复,5~6人为一小组,制作PPT展示。

(7) 请运用和田十二法,就生活中的常用物品进行改造,如:笔、桌子、手机壳等。

(8) 汽车和鲜花是否有相似之处?请用鲜花做类比,设计一款新的汽车(见图2-32)。

图 2-32　汽车与鲜花

第 3 章　思维导图与六顶思考帽

人类进入现代社会以来,社会发展越来越快,进步日新月异,信息传播的速度、信息处理的速度,以及应用信息的程度等都以几何级数的方式在增长。信息技术的发展对人们学习知识、掌握知识、运用知识提出了新的挑战,人们无时无刻不被各种信息所干扰。为了提高效率,人们需要从无限量的信息中提取有价值的东西,因此,信息获取效率极为关键。那么如何才能高效地使用我们的大脑,进行信息的提取、整合与辨析,全面升级思维方式呢?本章分享了两种创新思维工具:思维导图和六项思考帽法,一起来学一学。

3.1　思维导图

爱因斯坦曾经明确表示,他思考问题时不是用语言进行思考,而是用活动的跳跃的形象进行思考,当这种思考完成以后,他要花很大力气把它们转换成语言。由此可见,思维是一个极为复杂的过程,形象思维与抽象思维本来就是同一思维中的水乳交融的有机组成部分。

生物学家达尔文设计了一种像树枝分杈一样的思维导图形式的笔记,他发现这是一种非常有效的收集和整理数据的方法。最终,达尔文在用了 15 个月的时间绘制出一幅树状思维导图之后,提出了进化论的主要观点。

达·芬奇终其一生都在记笔记,在去世后留下了大批未经整理的手稿。达芬奇的手稿令我们惊叹,手稿当中包含大量对水力学、天文学、建筑学、岩石和化石的阐述文字和草图,使用了大量的图像、图、表、插图和各种符号捕捉闪现在大脑中的创造性想法。正是达·芬奇超自然的思维,对事物的观察与洞悉能力,使他在艺术、哲学、工程、生物等领域绽放异彩。

天才笔记具有图文并茂、思维直观的特点。跟同时代人使用的线性思维不同,拥有"杰出头脑"的天才们都是不自觉地开始使用发散思维和思维导图的。工具越强,能力越强。迈出思维一小步,导向人生远景图!

3.1.1　什么是思维导图

1. 思维导图的定义

信息的可视化有一种说法,叫字不如表,表不如图,一图胜千言。越是视觉化的内容,越接近三维自然世界里的事物,越立体、越形象、越逼真,人们就越容易理解。将自然界事物的状态直接进行高仿真的复制,自然就越容易被人们抓住其全貌和核心特征。

思维导图,英文是 The Mind Map,又名心智导图、脑力激荡图、灵感触发图等(见图 3-1),是表达发散性思维的有效图形思维工具,它简单却又很高效,把传统的语言智能、数字智能和创造智能结合起来,用来帮助人们记忆、理解和拓展思路。

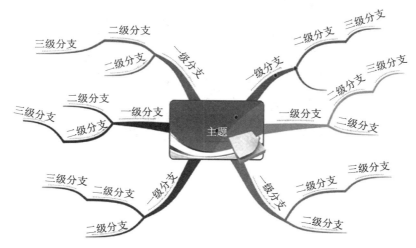

图 3-1　思维导图

思维导图利用了人们的思维加工过程,能够把复杂的东西简单化、平面的东西立体化、抽象的东西具体化、无形的东西有形化,是把我们大脑中的想法用彩色的笔画在纸上。

2. 思维导图的由来

东尼·博赞(Tony Buzan),1942 年生于伦敦,1964 年毕业于英属哥伦比亚大学,获得心理学、英语语言学、数学和普通科学等多个学位,大脑和学习方面的世界超级作家、世界著名心理学家、教育学家、世界脑力奥林匹克运动创始人,以"世界大脑先生"闻名国际。他还曾因帮助查尔斯王子提高记忆力而被誉为英国的"记忆力之父"。

他受到文艺复兴时代的画家达·芬奇笔记的启发,并根据大脑神经细胞进行信息存储的方式,研制开发了"思维导图"(见图 3-2)。这一 21 世纪全球革命性的思维工具,正被越来越多的人接受、学习、掌握和使用。"思维导图"现如今已经成为一个耳熟能详的名字,"思维导图"系列图书迄今已被翻译成 35 种语言,风靡 200 多个国家,正被全世界超过 3 亿人使用。

3.1.2　思维导图的特点

1. 图解思维

我们平时表达自己的观点主要是用语言和文字,那有没有想过用图画来表达自己的观点呢?人类在发明文字之前就是用图画来记事的,甚至汉字本身就是从图画逐渐发展而来的。从某种意义上来讲,图画是人类表达思想的有效工具,有时比语言文字更有助于我们进行思考和交流。

(a) 东尼·博赞

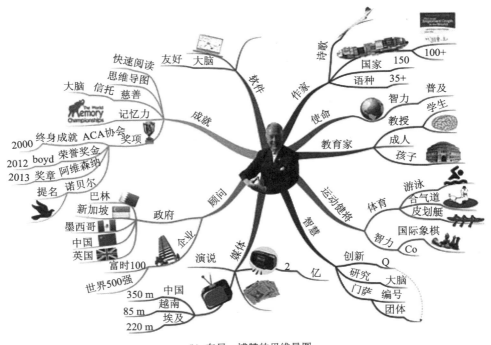

(b) 东尼·博赞的思维导图

图 3-2　思维导图创始人东尼·博赞及其思维导图

图解思维是一种"用眼睛看"的思考方法,画出来,整体才能展开。与其绞尽脑汁想破头,用眼睛看反而能让脑中纠缠不清的资讯、逻辑结构清楚起来,让各种问题出现解决的对策。有时候直线思考不够全面,并且会遗落一些重要的关联,而画成思维导图,有助于让我们在思考时多转几个弯,看出整体中的缺陷,或是看出彼此路线的相关性,这样更有助于收纳组织计划,换而言之,画张图能帮助我们想得更清楚。

图解是我们把头脑中的想法用图画的方式表达出来，这个过程也是对人脑思考过程的模拟，其本身就是大脑思维的加工，是一种有效的整理思路的方法，可以通过这种方法把大脑中的信息提取后，用图画的方式表达出来，使其变成彩色的、容易记忆的图。因此，无论是在理解内容、记忆信息方面，还是在制定计划、解决问题方面，图解思维法都比文字表达有明显的优势。

图画是一种投射技术，是对人们内在的潜意识层面的信息反映。人们采用语言文字表达自己的思想和情绪的时候会有防御心理，而用图画来表达的时候，经常会把真实的自己展现出来。图画传达的信息比语言和文字表达的信息更加丰富、具体和形象，表现力也更强。

身处于这个快速变化又繁忙的时代，如何在短时间内掌握事情的重点，并正确地传达是相当重要的。在商务场合也一样，必须将资讯迅速又准确地整理好，才能与对方顺利沟通。在这点上，图解不失为符合现代需求的一种表现手法。一面绘图一面思考，就算是麻烦且复杂的问题，都可以迎刃而解。

图解思维法可以改善你的思维方式，帮你快速理清思路，轻松面对生活中的琐碎问题、工作中难以解决的问题，以及人生中关乎前途发展的大问题。在工作和生活中，及时、合理地运用图解思维法，可以锻炼你全面看待问题的能力，看问题更加清晰、全面、客观，更好地表达你的思想，让你的生活变得更轻松惬意，工作更有成效，人生更加成功。

2．全脑思维

思维导图根据人类大脑的思维特征，通过带顺序标号的树状的结构来呈现一个思维过程，将放射性思考可视化，促进灵感的产生和创造性思维的形成。斯坦福大学的研究发现：相信自己的大脑和智力可以像肌肉那样"塑造"的人，学习效果更好；不相信自己的大脑可以被塑造，认为智力在出生的那一刻就已经"固定"的人，学习起来会很吃力。

思维导图的真正力量蕴藏在视觉化的思维中，能够激励大脑左右两侧，不断释放新关联和新想法。思维导图的图像设计模拟了大脑细胞传递新信息的方式（见图3-3），也就是说，思维导图的工作模式和大脑完全相同。思维导图充分运用左右脑的机能，利用记忆、阅读、思维的规律，协助人们在科学与艺术、逻辑与想象之间平衡发展，从而开启人类大脑的无限潜能。因此，每绘制一张新的思维导图，都是你在产生新的想法、创建思维的新联接，这反过来也能激励你更聪明地思考。

思维导图能够提升右脑的图像化能力，增强记忆力，因此，具有人类思维的强大功能。

3．发散性思维

思维导图是一种表达放射性思维的图形工具，通过运用一些线条、符号、词汇和图像，把一长串枯燥的信息，变成彩色的、容易记忆的、有高度组织性的图。

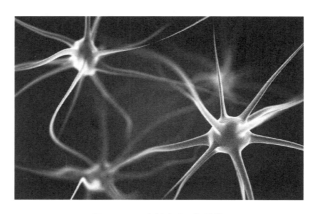

图 3-3 脑神经细胞结构

发散思维（Divergent Thinking），又称辐射思维、放射思维、扩散思维，是指大脑在思维时呈现的一种扩散状态的思维模式。它表现为思维视野广阔，思维呈现出多维发散状，个人的思维沿着许多不同的方向扩展，使观念发散到各个有关方面，如"一题多解""一物多用"等方式，最终产生多种可能的答案而不是唯一正确的答案，因而容易产生有创见的新颖观念。

科学研究已经充分证明，放射性思考是人类大脑的自然思考方式，而思维导图是一种将思维形象化的方法。每一种进入大脑的资料，不论是感觉、记忆或是想法，包括文字、数字、符号、香气、食物、线条、颜色、意象、节奏、音符等，都可以成为一个思考中心，并由此中心向外发散出成千上万的关节点。每一个关节点代表与中心主题的一个连接，而每一个连接又可以成为另一个中心主题，再向外发散出成千上万的关节点，呈现出放射性立体结构，而这些关节的连接可以视为你的记忆，就如同大脑中的神经元一样互相连接，构成你的个人数据库。

3.1.3 思维导图的绘制流程、注意事项及应用

思维导图有其自身的规则和技巧，对于初学者来说，掌握这些规则和技巧是非常必要的。只有在理解并熟练掌握这些技巧之后，绘图者才可以根据自己的意愿去发展属于自己的思维导图绘制技巧和规则。

思维导图的构建模块和框架，包括中心主题、基本顺序关系、关键词、关键图形、视觉图像等组成思维导图的各个关键部分和具体细节。运用图文并重的技巧，用一个中央关键词或想法以辐射线形连接所有与之有关的内容，把各级主题的关系用相互隶属的层级图表现出来，并将主题关键词与图像、颜色等建立记忆链接，从而绘制出真正高效的智能工具——思维导图。

1. 思维导图的绘制流程

思维导图重在"思维"，即把思考过程用图具体表现出来。但是要想思维更加清晰，绘制一幅好的思维导图同样是十分重要的。那么，思维导图要怎么绘制呢？

在绘制思维导图之前,我们需要准备一张 A3 或者 A4 大小的白纸,以及在绘制过程中需要用到的彩色笔。

(1) 先画中心主题

拿出一张白纸从中心开始绘制,周围留出空白。从中心开始,可以使你的思维向各个方向自由发散,能更自由、更自然地表达自己。中心主题是一幅思维导图的中心思想,其他内容都应围绕中心主题进行合理的延伸。因此,只有先确立中心主题,绘制者才能有的放矢。

可以画一幅画表达你的中心内容,画一幅图画的好处是能帮助你运用想象力,更能表达你的思想。图画越有趣,越能使你精神贯注,也越能使大脑兴奋。但我们需要注意的是,中心图在色彩的运用上要灵活、多样,一般要大于或等于三种。此外,中心图一定要与我们的主题相关。

当然,中心图这个概念更多的是从艺术流思维导图的角度来考虑思维导图的绘制的,如果绘制者绘制的是实用型思维导图,则可以用一个短语或关键词的形式对思维导图进行直接的表达。比如,当我们对某一天进行规划时,艺术流思维导图可以通过在中心主题的位置画上一个时钟,并在其下方写上"一日规划"的方式绘制中心图;而实用型思维导图则可以直接将"一日规划"作为思维导图的中心主题。

(2) 画主干和分支

中心主题确定之后,绘制者需要根据自身情况绘制思维导图的一级分支,将思维导图的基本脉络确定下来。一般情况下,从纸张右上方 2 点钟开始,依照顺时针方向,用平滑的曲线将中心图像和主要分支连接起来。一级分支绘制完成后,思维导图的大体方向就已经确立。

接下来,绘制者需要做的就是将思维导图各层级内容具体生动的呈现,使思维导图看起来更加丰满。然后把主要分支和二级分支连接起来,再把三级分支和二级分支连接起来,以此类推。把主要分支连接起来,分支就是一直联想到的内容,同时也构建了思维的基本结构;如果把分支连接起来,会更容易地理解和记住许多东西。这和自然界中大树的形状极为相似,树枝从主干生出,向四面八方发散。

(3) 凝练关键词

在主要分支上写上一个概括凝练的关键词,通常会选择名词或者动词。单个的词汇使思维导图更具有力量和灵活性,每一个词汇和图形都像一个母体繁殖出与它自己相关的、互相联系的一系列"子代"。

在每条线上使用一个关键词。当使用单个关键词时,每一个词都更加自由,因此,也更有助于新想法的产生,而短语和句子却容易扼杀这种火花。

(4) 视觉完善

各节点的内容确定之后,思维导图的框架就已经构筑完成。为了让思维导图更具观赏性,绘制者可以在适当位置增加一些图像。通过图像,我们就会联想到更加丰富的东西。所配的图像需要色彩丰富、生动有趣,这样就可以让思维导图看上去更具有灵性。

使用与主题贴切的图像需要注意的是,并不是每一个关键词都需要配上图像的,所配的关键图一定是重中之重,还必须与所要表达的主题相关。如果插入的图片与内容无关,一则喧宾夺主,二则会造成记忆和理解的偏差混乱。

此外,鲜艳的颜色可以使我们的记忆更加深刻。在绘制过程中使用颜色,一个主分支一种颜色。为什么?因为颜色和图像一样,能让人的大脑兴奋。颜色能够给思维导图增添跳跃感和生命力,为你的创造性思维增添巨大的能量,而且它会有趣很多。

(5)完善细节并加工

绘制思维导图的最后一步是对细节的完善。在此过程中,绘制者可以根据自身需求对思维导图稍微进行一些加工。比如,可以通过连线的粗细程度表达相连节点在思维导图中的层级关系。又如,当绘制者对作品满意时,可以在图上写下自己的名字。

在思维导图中表达想法后,就可以轻松审视思维导图,并在导图的不同区域间查看信息之间的共性和关联。

2. 思维导图的绘制注意事项

(1)中心主题

中心主题是整个思维导图的内核所在,只有了解中心主题,才能更好地体会绘制者的意图。因此,需要从中心主题开始进行阅读,把对主题的把握放在第一位。

使用中心图像主要是为了突出中心主题。因为图像比较形象直观,比文字更能吸引人的眼球,因而可以让读者一眼就找到思维导图的中心所在。使用中心图像的另一个好处是促进联想和想象。一图胜过千言,图像总是比抽象的文字包含更多的信息,因而能引发更多的想象。当然,使用中心图像还有第三个好处,那就是美观。如果思维导图是作为作品呈现的,那么选择一个美观的中心图像一定会为思维导图大大加分。

中心图像的使用不当可能会让读者产生困扰和误解,起到画蛇添足的负面作用。那么,是否一定要用中心图像呢?答案是否定的。因为使用中心图像的主要目的是突出中心主题,所以只要能起到突出中心主题的作用,绘制思维导图时完全可以使用其他手段来替代,如使用艺术字,或将中心主题的字写得更大更醒目一些。若中心图像不能有效突出中心主题并促进联想和想象,还不如直接使用文字来得方便简洁。

(2)基本逻辑顺序

在绘制的过程中,思维激发的阶段可以随意画,想到哪里就画到哪里,但在思维整理的阶段则要不断调整分支和分支间的层次关系。

(3)关键词使用

人的思考是基于关键词进行的。无论是听别人的演讲,还是整理自己的思想,最好的方式都是使用关键词而非句子或短语。在绘制思维导图的过程中,使用关键词是非常重要的,因为好的关键词有利于进一步联想和想象,从而进一步激发思考,而句子或短语却给联想和想象带来了不便。

提炼关键词也是对思维加工能力的有效训练。对于初学者来说,正确而精准地提取关键词是一个很大的挑战,很多人往往因此而放弃思维导图。不过这也恰好暴露出一个问题,那就是概括凝练能力的缺乏,需要长期坚持不懈地练习才能得到长足的进步。

每条分支应该只有一个关键词,而不要出现多个关键词。因为多个关键词出现在同一分支上不利于思维的进一步发散和整理。

(4)图像、图标使用规则

图像、图标的使用有两个好处:一来可以引发更多的想象空间以激发思考;二来可以美化思维导图。为了有效发挥促进联想和想象的功能,图像、图标的选择一定要与节点内容密切相关,最好是能引发进一步联想的、有实际意义的。

图像、图标不宜太多。过多的图像使用会让思维导图陷入另一个极端——变成绘画作品,而失去其真正的方向——思维作品。使用大量的图像和图标,制作时费时费力不说,读者也难以弄明白作者到底想要表达什么,偏离了思维导图激发和整理思维的初衷,显得有些得不偿失。

3. 利用计算机绘制思维导图

利用计算机技术绘制思维导图的软件有 XMind、MindManager、FreeMind 和 iMindMap 等,具有容易修改、功能丰富、输出格式多样化等优点。

相信很多人绘制思维导图还是用彩笔和白纸来完成的,但如今已经是一个信息科技化的时代,计算机绘制思维导图的优势是显而易见的,可以预见,未来的思维导图必定会由传统的手绘转变为智能化、自动化的计算机绘图。

(1)便于学习,利于修改

计算机绘制思维导图,一旦生成完毕之后,还可以重新进行修改,各分支可以重新定位、重新着色、复制、移动,甚至可以按要求将整个结构重新组织起来。每一单个因素或者子分支都可以移动至思维导图的任何部分。此外,计算机里面的色彩选择要远远大于手绘的色彩种类,也为各种图片的选择提供了很大的空间,对于导图的美观和关联性起到了很大的促进作用。

特别是对于一些初学者而言,对于导图的规则和画画的形式把握得不是很好的情况下,使用计算机有助于规范自身行为,提升绘图的积极性。特别是对于那些绘画不是很好的人而言,很容易造成信心不足。但是使用计算机之后,计算机会提供大量的图形图像供我们选择,这对于积极性的培养很有帮助。

(2)范围更广,深度更深

计算机的放大及缩小功能允许思维导图放大到非常大的幅面。如果是用纸和笔来画的话,就只好在更大一些的纸上重新来过,或者在另一张纸上接着画。

(3)成本更低,便于传播

传统的思维导图绘制中需要大量的纸和笔才能够完成,成本是非常高的,当有了计算机之后,在计算机上绘图基本上是零成本的状态,并且在计算机上绘图完毕后可以便于在互联网上进行广泛的传播,同时如果需要也可以打印出来进行分发,这是手绘无法比拟的。

另外,计算机绘图之后可以与其他的文件形式进行很好的结合,可以生成各种格式,如图片、文本、动画等,可以进行多次的利用。

4. 思维导图的应用

思维导图作为高效的思维工具,有利于人脑的扩散思维的展开。思维导图理论上讲对任何应用它的人都有好处,其应用的领域也几乎是无限的,比如,记读书笔记、分析自己的研究主题、组织问题、产品问题分析、专题演讲和教师的教案准备等。

思维导图已经在全球范围得到广泛应用,新加坡教育部将思维导图列为小学必修科目,大量的500强企业也在学习思维导图。20世纪80年代思维导图传入中国,最初是用来帮助"学习困难学生"克服学习障碍的,但后来主要被工商界(特别是企业培训领域)用来提升个人及组织的学习效能及创新思维能力。

思维导图的应用见图3-4。

图 3-4 思维导图的应用

① 记忆大师:充分挖掘大脑潜能。用思维导图对下列信息进行归类:榕树、冰淇淋、杯子、太阳、勺子、棒棒糖、松树、月亮、话梅、玫瑰、小草、风、南瓜、快乐、冰棍、手机、沮丧、苹果、筷子、茉莉花、愤怒、毛巾、星星(见图3-5)。

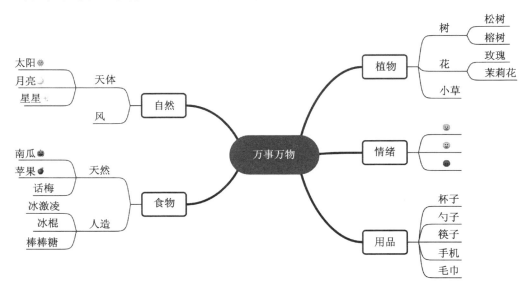

图 3-5 用思维导图进行信息分类

② 掌控生活,轻松搞定日常琐事(见图3-6)。

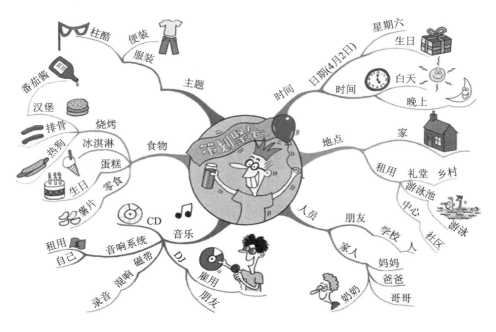

图 3-6 策划聚会

③ 超级学霸,建立自己的知识体系(见图3-7)。

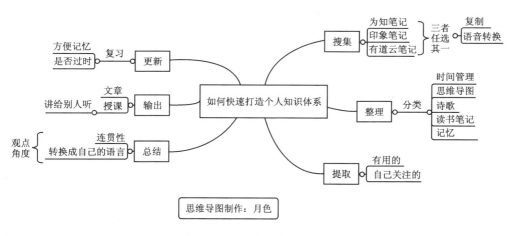

图 3-7 建立自己的知识体系

④ 高效人生,制订清晰的目标计划(见图3-8)。

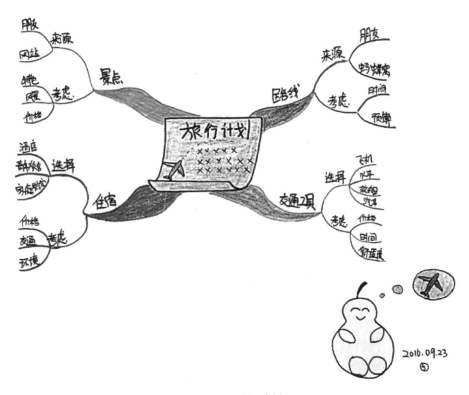

图 3-8 制订计划

3.2 六顶思考帽

3.2.1 六顶思考帽概述

1. 六顶思考帽的作用

六顶思考帽是平行思维和创新思维工具,也是人际沟通的操作框架,更是提高团队智商的有效方法。

六顶思考帽是一个操作简单、经过反复验证的思维工具,给人以热情、勇气和创造力,让每一次会议、每一次讨论、每一份报告、每一个决策都充满新意和生命力。这个工具能够帮助人们:

- 提出建设性的观点;
- 聆听别人的观点;
- 从不同角度思考同一个问题,从而创造高效能的解决方案;
- 用平行思维取代批判式思维和垂直思维;

- 提高团队成员的集思广益能力,为统合综效提供操作工具。

我们经常会参加低效和疲惫的会议,抱怨会议时间太长,没有效率。有的时候,我们在会议中谈论的问题,会议中的冲突和矛盾,始终无法得出结论,但是我们还依然坚持在那里讨论或争辩。

六顶思考帽是"创新思维学之父"爱德华·德·博诺(Edward de Bono)博士开发的一种思维训练模式,或者说是一个全面思考问题的模型。它为平行思维提供了工具,避免将时间浪费在互相争执上。它强调的是"能够成为什么",而非"本身是什么",是寻求一条向前发展的路,而不是争论谁对谁错。运用爱德华·德·博诺的六顶思考帽,将会使混乱的思考变得更清晰,使团体中无意义的争论变成集思广益的创造,使每个人变得富有创造性。

爱德华·德·博诺博士是"六顶思考帽"的创作人,1933年出生于马耳他,获得牛津大学心理学、医学博士学位,剑桥大学医学博士。曾任职于牛津大学、伦敦大学、哈佛大学和剑桥大学,被誉为20世纪改变人类思考方式的缔造者,是创造性思维领域和思维训练领域举世公认的权威,被尊为"创新思维之父"(见图3-9)。

2. 传统思维与平行思维

传统思维,即对抗性思维(见图3-10),尽可能同时考虑很多因素,同一时刻既考察信息,形成观点,又要批判其他人的观点。

图3-9 爱德华·德·博诺博士

图3-10 对抗性思维

局限性:
- 从自身的角度进行考虑;
- 从片面的角度进行考虑。

对抗性:
- 指出错误可以有利于进一步提高;
- 容易引起争论,破坏关系;

- 缺乏建设性、计划性和创新性。

平行思维(见图3-11)是一个管理我们思维本身的一种方法,同时从一个角度和侧面进行思考。

图3-11 平行思维

一致性:
- 同时一起思考;
- 同时持有相同的思考角度。

互补性:
- 同等对待自己和他人的观点;
- 不再一味地批驳他人的观点。

用平行思维替代了对抗性思维,既避免浪费时间的争论和漫无目标的讨论,又能够让团队中所有人的智慧、经验和知识都得到充分的利用。

3. 为什么是帽子

人为什么要戴帽子?帽子的实用意义于在御寒、防暑、防风沙,后来才是装饰和标识以及象征意义。到了近代,帽子与职业的关系逐渐明朗,尤其是不同职业都有不同的帽子。帽子在一些特殊行业和狭小领域仍旧是一种象征和标识。比如警察有警帽,运动员有运动帽,矿工有矿工帽,医生和护士有不同的白帽,工地人员有平安头盔,厨师有高高的白帽,魔术师有黑色的怪帽子,取得学位有学位帽等(见图3-12)。由于职业原因,人们看待事物的角度、方式和方法不同,不同职业的处事和思维模式存在显著差异,因此,"思维"和"帽子"之间有关联。另外,帽子和大脑直接相关,不同颜色的帽子代表不同的思考规则,用颜色加以区别,希望我们可以像换帽子一样轻易地转变思考类型。

图 3-12　不同职业的帽子

3.2.2　六顶思考帽的原理

五颜六色构成了我们绚丽多彩的世界,而每种颜色给人的感受又是那么的不同。六顶思考帽,是指使用六种不同颜色的帽子(见图 3-13)代表六种不同的思维模式。请思考:六种不同颜色的帽子分别代表哪些思维模式?

(白帽)　　(黑帽)　　(黄帽)　　(绿帽)　　(红帽)　　(蓝帽)

图 3-13　六种不同颜色的帽子

1. 白　帽

白色代表中立和客观。戴上白色思考帽,人们思考的是关注客观的事实和数据。充分搜集数据、信息和其他所需要了解的情况。

白色代表的事物如图 3-14 所示。

图 3-14　白　色

2. 黑　帽

黑色是阴郁而严肃的,代表神秘、压力、气势、谨慎小心,指向一个想法的弱点。戴上黑色思考帽,人们可以运用否定、怀疑、质疑的方法,合乎逻辑地进行批判,尽情发表负面意见,找出他人观点逻辑上的错误。

戴上黑色思考帽思考的问题如下:
- 可能存在的问题是什么?
- 会遇到什么样的困难?
- 警告的关键点是什么?
- 有什么风险?

黑帽思考的目的是指出谨慎点,但黑帽思考不是辩论,绝不可能回到辩论模式。

黑色代表的事物如图 3-15 所示。

图 3-15　黑色代表的事物

3. 黄　帽

黄色代表智慧、光荣、希望、光明。

黄色的灿烂,有着太阳般的光辉,象征着照亮黑暗的智慧之光。黄色思考帽给我们积极乐观的思考机制。

黄色代表价值与肯定。戴上黄色思考帽,人们从正面考虑问题,表达乐观的、满怀希望的、建设性的观点。

黄色代表的事物如图 3-16 所示。

图 3-16　黄色代表的事物

4. 绿　帽

绿色代表茵茵芳草，象征勃勃生机。绿色思考帽寓意创造力和想象力。具有创造性思考、头脑风暴、求异思维等功能。绿色，是植物的颜色，也是生命力的象征。一讲到绿色你脑海里就会浮现出一棵嫩绿的幼苗，它代表生命力和创造力。有绿色的地方总能带给人希望。

绿色帽子是"活跃的"帽子。想象草地、树木、蔬菜和生长，想象活跃的生长和丰收，想象发芽和分出枝杈。绿色帽子是用来进行创造性思考的。事实上，绿色帽子包含了"创造性"一词本身的含义。一方面，创造性思考意味着带来某种事物或者催生出某种事物，它与建设性思考相似。绿色帽子关注的是建议和提议。另一方面，创造性思考意味着新的创意、新的选择、新的解决方案、新的发明。这里的重点在于"新"。

白色帽子罗列出信息，红色帽子允许我们表达感觉，黑色帽子和黄色帽子处理逻辑判断，因此，轮到绿色帽子来展开实际行动，戴上绿色帽子就必须提出建议。当你被要求戴上绿色帽子的时候，你就要提建议、出主意。这是一种积极主动的思考，而不是仅仅对事物做出被动反应。

因此，绿色思考帽的思考方向就是创新思维、解决方案。

绿色代表的事物如图 3-17 所示。

图 3-17　绿色代表的事物

5. 红　帽

红色代表吉祥、喜悦、奔放、激情。

红色是情感的色彩。戴上红色思考帽，人们可以表现自己的情绪，人们还可以表达直觉、感受、预感等方面的看法。

红帽思考者提供的是感性的看法，不必做任何解释和修正。可以与中立客观的信息完全相反，仅仅是个人的预感、直觉和印象。

红色代表的事物如图 3-18 所示。

6. 蓝　帽

想象蓝天，天空高高在上，如果你飞翔在天空，就可以俯瞰一切事物。戴上蓝色帽子就意味着超越于思考过程：你正在俯瞰整个思考过程。蓝色帽子是对思考的思考。

图 3-18　红色代表的事物

蓝色帽子意味着对思考过程的回顾和总结。它控制着思考过程。蓝色帽子就像是乐队的指挥一样。戴上其他五项帽子,我们都是对事物本身进行思考,但是戴上蓝色帽子,则是对思考进行思考。

戴上蓝色帽子的人会从思考过程中退出来,以便监督和观察整个思考过程。

蓝色是天空的颜色,是对所有一切思维的思考,是对思考的主持和组织,以及对思考过程进行控制。

蓝色思考帽负责控制和调节思维过程。负责控制各种思考帽的使用顺序,规划和管理整个思考过程,并负责做出结论,如:

- 我们的目标是什么?
- 议程是怎样的?
- 应该用哪些帽子?
- 我们怎样去总结?

蓝色代表的事物如图 3-19 所示。

图 3-19　蓝色代表的事物

当我们清楚了六项思考帽的思维方式后,也就了解了其含义,见图 3-20。

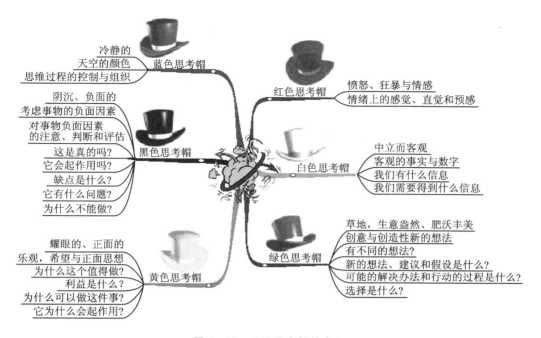

图 3-20 六顶思考帽的含义

3.2.3 六顶思考帽的应用

1. 什么时候使用六顶思考帽

使用六顶思考帽的相关情形主要有以下几种：
- 参与者各持己见，互不相让的时候；
- 讨论散漫，不围绕主题，无法得出明确结论的时候；
- 时间紧迫，一定要做决定的时候。

六顶思考帽的使用要求：
- 戴同一顶帽子；
- 全体成员的认可；
- 遵守共同的游戏规则。

六顶思考帽的应用关键在于使用者用何种方式去排列帽子的顺序，也就是组织思考的流程。只有掌握了如何编织思考的流程，才能说是真正掌握了六顶思考帽的应用方法，而帽子顺序的编制只有通过实际应用才能达到理想的效果。想象一个人写文章的时候需要事先计划自己的结构提纲，这样才不会写得混乱，一个程序员在编制大段程序之前也需要先设计整个程序的模块流程，思维同样是这个道理（见图 3-21）。

2. 六顶思考帽的应用领域

运用六顶思考帽模式，团队成员不再局限于某一单一思维模式。六顶思考帽代表

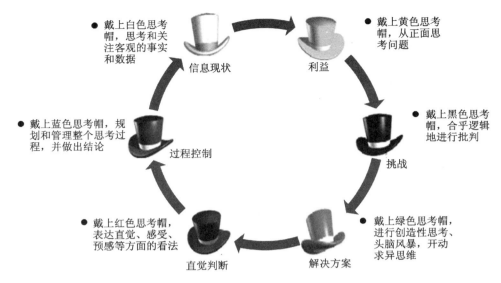

图 3-21　六顶思考帽会议沟通情况

的六种思维角色,几乎涵盖了思维的整个过程,既可以有效地支持个人的行为,也可以支持团体讨论中的互相激发。

在团队应用当中,最大的应用情境是会议,特别是讨论性质的会议,因为这类会议是真正的思维和观点的碰撞、对接的平台,但我们在这类会议中难以达成一致,往往不是因为某些外在的技巧不足,而是从根本上对他人观点的不认同造成的。鉴于此,六顶思考帽就成为特别有效的沟通框架。所有人要在蓝帽的指引下按照框架的体系组织思考和发言,不仅可以有效避免冲突,而且可以就一个话题讨论得更加充分和透彻。因此,六顶思考帽在会议中应用不仅可以压缩会议时间,也可以加强讨论的深度。

一般人们认为六顶思考帽是一个团队协同思考的工具,事实上六顶思考帽对于个人应用同样拥有巨大的价值。一个人需要考虑某一个任务计划时,有两种状况是他最不愿面对的,一个是头脑空白,他不知道从何开始;另一个是他头脑混乱,过多的想法交织在一起造成的淤塞。六顶思考帽可以帮助他设计一个思考提纲,按照次序思考下去。就这个思考工具的实践而言,它会让大多数人感到头脑更加清晰,思维更加敏捷。

此外,用六顶思考帽来考虑我们工作中存在的问题,也会起到意外的效果。六顶思考帽也可以作为书面沟通的框架,用六顶思考帽的结构来管理电子邮件,利用六顶思考帽的框架结构来组织报告书、文件审核等。除了把六顶思考帽应用在工作和学习当中,在家庭生活当中使用六顶思考帽也经常会取得某些特别的效果。

3. 六顶思考帽的应用步骤

下面是一个六顶思考帽在会议中的典型的应用步骤:

① 陈述问题(白帽);

② 提出解决问题的方案(绿帽);

③ 评估该方案的优点(黄帽);

④ 列举该方案的缺点(黑帽);

⑤ 对该方案进行直觉判断(红帽);

⑥ 总结陈述,做出决策(蓝帽)。

运用"白色思考帽"来思考、搜集各环节的信息,集中各个部门存在的问题,找到基础数据。戴上"绿色思考帽",用创新的思维来考虑这些问题,不是一个人思考,而是大家都用创新的思维去思考,分别提出各自解决问题的办法,以及好的建议和措施。接着,分别戴上"黄色思考帽"和"黑色思考帽",对所有的想法从优点和缺点进行逐个分析,对每一种想法的危险性和隐患进行分析,找出最佳切合点。此时,再戴上"红色思考帽",从经验、直觉上,对已经过滤的问题进行分析、筛选,做出决定。

在思考的过程中,还应随时运用"蓝色思考帽"对思考的顺序进行调整和控制。所以,在整个思考过程中,应随时调换思考帽,进行不同角度的分析和讨论。

六项思考帽经历了从理论到课程化开发的过程,可作用于企业的会议、决策、沟通、报告等各种情形,甚至影响个人生活,很多企业评价六项思考帽的推行改善了企业文化,极大地提高了管理效能。

作为思维工具,六项思考帽已被美、日、英、澳等50多个国家政府在学校教育领域内设为教学课程。同时也被世界许多著名商业组织所采用作为创造组织合力和创造力的通用工具。这些组织包括:微软、IBM、西门子、诺基亚、摩托罗拉、爱立信、波音、松下、杜邦、麦当劳等。

通过六项思考帽的训练可以掌握:

- 如何指导更加集中、高效的会议;
- 如何从全新和不寻常的角度看问题;
- 如何从多个角度看问题;
- 如何减少交互作用中的对抗性和判断性思考;
- 如何培养协作思考;
- 如何采用一种深思熟虑的步骤来解决问题和发现机会;
- 如何创造一种动态的、积极的环境来争取人们的参与。

六项思考帽使我们能够简单并礼貌地鼓励思考者在每个思考过程采用相等的精力,而不是一直僵化地固定在一种模式下。六项思考帽思维是革命性的,因为它把我们从思辨中解放出来,帮助人们把所有的观点并排列出,然后寻找解决之道。

习题:

利用六项思考帽法完成小组任务:每一小组准备一个与大学生相关的话题(生活、学习、兴趣、时间管理、消费等),演练如何使用六项思考帽法组织项目会议。

第 4 章　创新设计思维

在当代设计和工程技术当中,以及商业活动和管理学等方面,设计思维已成为流行词汇的一部分,它还可以更广泛地应用于描述某种独特的"在行动中进行创意思考"的方式,在 21 世纪的教育及培训领域中有着越来越大的影响。设计思维是一种方法论,用于为寻求未来改进结果的问题或事件提供实用和富有创造性的解决方案。在这方面,它是一种以解决方案为基础,或者说是以解决方案为导向的思维形式,它不是从某个问题入手,而是从目标或者是要达成的成果着手,然后,通过对当前和未来的关注,同时探索问题中的各项参数变量及解决方案。

4.1　设计思维的概念

什么是设计思维?一是积极改变世界的信念体系;二是一套如何进行创新探索的方法论系统,包含了触发创意的方法(见图 4-1)。设计思维以人们生活品质的持续提高为目标,依据文化的方式与方法开展创意设计与实践。

图 4-1　设计思维

4.1.1　设计思维的定义

设计思维是一种以人为本的解决复杂问题的创新方法,利用创造性思维,事先对设计的产品、项目、流程、商务模式或者某个特定的事件等,通过观察、探索、头脑风暴、模型设计、讲故事等制定目标或方向,然后寻求实用的、富有创造性的解决方案。其主要目标是站在客户需求或者潜在需求的角度发现问题,然后解决问题。作为一种思维的方式,它被普遍认为具有综合处理能力的性质,能够理解问题产生的背景、催生洞察力及解决方法,并能够理性地分析和找出最合适的解决方案。

设计思维与设计不同。设计是把一种计划、规划、设想通过某种形式传达出来的活动过程。而设计思维是一种思维模式,它不但考虑设计的产品、服务、流程或者其他战略蓝图本身,更重要的是"以人为本",站在客户的角度实现创新。

【例 4.1】 空中食宿(Airbnb)的诞生

在 2008 年成立的空中食宿(Airbnb)便是设计思维模式的典型受益者。几个年轻人为了减轻在旧金山的昂贵租金负担而分租客厅给短期租客并供应早餐,因而萌生建立联系旅游人士和家有空房出租的房主的服务型网站的想法,这个想法很好,双方的需求都存在,然而理想与现实之间总是有差距的,他们创业的前六个月平均只有 200 美元的收入,这让他们十分气馁。于是这几个年轻人用了"设计思维"的方法,他们对租户和房主在运作时实际面对什么困难,有哪些不协调的地方进行"基本认识",然后逐一探访房主,像租户一样住在那里,早上品尝他们的早餐,体验支付的流程、网上的操作,作"亲身观察",回到公司后把所经历的问题写在大大小小的纸上,大家做"观点陈述",经过一轮头脑风暴后他们开始把有用的信息进行归纳,"凝聚重点",然后开始"原型制作",改善网站设计,关注客户的使用体验,对住房的地区、标准配套、早餐规格等设定规范,之后不断地进行"测试反馈",改善各方的满意度,结果经营情况大有改善。2011 年,空中食宿营业额难以置信地增长了 800%,用户遍布 190 个国家近 34 000 个城市,发布的房屋租赁信息达到 50 000 条,重塑了酒店行业的商业模式,外行人打败内行人,空中食宿在 2015 年的估值已达到 200 亿美元。

【例 4.2】 高铁座椅的设计

铁路总公司希望机车供应商设计一款舒服的、安全的高铁座椅,这时设计师从设计的角度出发,会考虑座椅的形状、质地、材料,以及不同乘客对座位的要求,以设计出让客人满意的座椅。而设计思维是从客人出发,考虑如何让客人满意,关注的不仅仅是座位,还会考虑从客人查询行程、买票、到达车站、停车场、检票、安检、在候车室等车、拖着行李进月台,一直到登上火车和上车后的体验等一系列的流程,如何让客人满意,并且检查可否减少流程,让陌生的客人尽量方便,降低客户烦恼等。

4.1.2 设计思维的发展历史

20 世纪(或更早)的很多设计活动都可以被视为"设计思维",而这个词在 20 世纪 80 年代随着人性化设计的兴起而首次引起世人的瞩目。在科学领域,把设计作为一种"思维方式"的观念可以追溯到赫伯特·A·西蒙(Herbert A. Simon)于 1969 年出版的《人工制造的科学》一书,在工程设计方面,更多的具体内容可以追溯到罗伯特·麦克金姆(Robert McKim)1973年出版的《视觉思维的体验》一书。20世纪八九十年代,斯坦福大学教授、美国著名的设计师设计教育家罗尔夫·A·法斯特(Rolf A. Faste)把麦克金姆的理论带到了斯坦福大学,扩大了麦克金姆的工作成果,把"设计思维"作为创意活动的一种方式,进行了定义和推广,他在斯坦福大学举办了"斯坦福联合设计项目(也是d.School的前世)",并一直是该项目的主管,可惜他于2003年去世,没等到d.School的建成。

1987年,当时哈佛设计学院的院长彼得·罗(Peter Rowe)出版的《设计思维》一书是首次引人注目地使用了"设计思维"这个词语的设计文献,它为设计师和城市规划者提供了一套实用的解决问题的系统依据。由此,设计思维(Design Thinking)这个词被正式开始使用。1992年,理查德·布坎南(Richard Buchanan)发表了文章,标题为《设计思维中的难题》,表达了更为宽广的设计思维理念,即设计思维在处理人们设计中的棘手问题方面已经具有了越来越高的影响力。

到了1991年,戴维·凯利(David Kelley)(见图4-2)创立的IDEO公司,是现今全球最大的设计咨询机构之一,以设计思维作为其核心思想,并贯彻落实到了IDEO的工作当中,成功实现商业化。

2005年,戴维·凯利在斯坦福大学工程学院成立了"斯坦福大学哈索·普兰特纳设计研究院"(The Hasso Plattner Institute of Design at Stanford,简称d.School)(见图4-3)。该研究所的目标是培养复合型的、以人为本的创新设计师,而不完全是关注创新设计新产品。研究院人员由各种背景和行业的人员组成,分别来自工程学院、艺术学院、管理学院、医学院、传媒学院、计算机科学学院、社会科学学院、理学院等。d.School开设了一门设计思维的课程,主要利用学员分组参与的形式,尝试设计一个新的产品、服务、流程等,从而掌握设计思维的方法论和设计思维的思维模式。2007年哈索博士在德国的波茨坦成立了设计思维学院。

图4-2　IDEO设计公司创办人戴维·凯利

图4-3　斯坦福大学d.School

d.School的教学机制也迥异于寻常机构,不提供学位教育,因此学院并没有常规意义上属于自己的学生。这里的课程向斯坦福大学的所有研究生开放(学生都有各自的专业背景和基础能力),强调跨院系的合作,宗旨是以设计思维的广度来加深各专业学位教育的深度。他确立的教学目标是教会学生"换位思考",从小处着手,专注于思考人们的真实需求,重新思考各个行业的边界。学院所有的教学课程都是项目驱动的,项目来自非政府组织和企业,这不仅保证了资金来源,也保证了选题的现实性。因此,从组织架构上,学院与这些机构建立了长期合作的伙伴关系,是其一大优越之处。由于这个特点,这里的课程并没有固定的模式,而是根据学时长度、参与课程的学生人数和师资不断调整。由于没有学位教育的要求,d. School 的教学模式不重视一般意义上的系统性,而是强调针对性和实用性,回归到了设计的实践属性。

今天,在对设计思维的理解和认知方面,已经引起了相当多的学术界和商业界的关注,其中包括一系列关于社会问题和全球人文问题的研究,比如大气变暖问题、贫穷国家的发展问题、非营利组织的发展问题等,全球开始持续进行关于设计思维的专题研讨会。

4.1.3 设计思维的学科基础

1. 左脑思维与右脑思维

人类的大脑分为左脑和右脑。左脑倾向于逻辑思维,用语言文字思考,而右脑则倾向于艺术思维,用图像视觉进行思考。左右脑的分工为:左脑负责理性,主要用来控制语言、逻辑分析、推理、抽象、计算、记忆、书写、阅读、分类排列、抑制、棋艺、判断、五感等;右脑负责感性,主要控制直觉、情感、图形、知觉、形象记忆、美术、音乐节奏、舞蹈想象、视觉、知觉、身体协调、灵感等(见图4-4)。

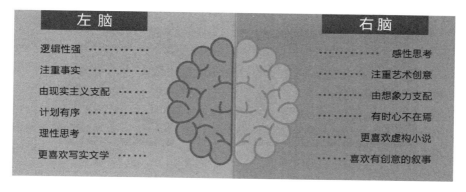

图4-4 左脑思维与右脑思维

右脑思维者经常可能不按常理出牌,也就是人们经常说的脑筋急转弯。比如当发现割草机噪音大时,传统思维者会利用减震降低噪音,右脑思维者则可能会考虑如何不用割草机,比如如何让草不长高,这样就有了基因改造。对于病人如何去医院看病的问题,传统思维者会考虑使用救护车,或者请医生登门救治,右脑思维者则可能考虑如何使人不生病。针对目前交通堵塞难题,传统思维者会考虑减少车流量、修路、修地铁甚至建设空中有轨交通,右脑思维者则可能考虑让人们在家办公或者根本不用交通工具。右脑思维可以打破条条框框,获得一些出人意料的想法。所以创新需要右脑思维。

【例 4.3】 如何选择更优质的缝衣针

在斯坦福大学的工商管理培训课程中,一天一位教授请了两个女助教,分别给了她们一包缝衣针,让她们选出哪一根更好用、更优质,并让学员观察谁选得较快。第一位女助教是左脑型,她动作缓慢,在天平上逐根称重,又用尺子量每一根针的长度,接着再化验每一根针的成分,她收集加工这些信息整整用了 30 分钟。第二个女助教是右脑型,她既不称重也不做化验,更没有进行推理,而是看一看、想一想,甚至直接用针试一试,短短的 3 分钟后,她就做出了选择。

然后,教授让参加培训班的经理们来做一次评估,到底谁选的针更好呢?结论是两位女助教选出的针一样好,甚至很多人认为第二个女助教选的针更好用、更优质一些。

这是管理培训中经常用的典型案例,它告诉我们的道理太深刻了:完全定量的选择会使决策的过程变慢,决策的成本相对也很高,有时候甚至丧失了决策的最佳时机。而利用右脑的形象思维,加上丰富的经验以及直觉的选择和判断,也许不是最佳的决策,也不完美,但却赢得了宝贵的时间。

也就是说,单用左脑定量思维是有局限性的,单用右脑思维又缺少定量分析,也是有缺点、有局限性的。因此正确的做法是同时使用左脑思维加右脑思维,做到左右平衡。

2. 左脑思维与右脑思维测试

人类的大脑分为左脑和右脑,左脑为理性脑,而右脑为感性脑,但是你是左脑思维者还是右脑思维者,经常会有一些简单的测试方法:如果两手交叉,左拇指在上表明是右脑思维;两臂交叉,如果左臂在上,表明是右脑思维(见图 4-5)。

(a) 叉 手   (b) 叉 臂

图 4-5 左脑思维和右脑思维测试图

4.2 创新设计思维

4.2.1 创新设计思维模式

将客观的、合理的、按照逻辑推理的、追求相对稳定的、利用分析和相应规划实现的商业思维与主观的、换位思考的、按照感情探索的、追求新奇的、利用体验和通过行动解决的设计思维紧密地结合起来,再加上忘掉现状和问题而寻求美好未来三者平衡,就产生了新的思维模式——创新设计思维模式(见图4-6)。

图4-6 创新设计思维模式

创新设计思维:以最终用户的角色探索潜在的需求,不但从当前的现状和出现的问题出发,考虑现有的挑战,还要寻求潜在的挑战,强调最终客户的体验,而且从美好的未来和理想的愿景出发,忘掉现状,强调最终客户未知的、渴望的体验,将逻辑思维和直觉能力结合起来,利用一整套的设计工具和方法论,进行创新的方案或者服务设计的思维模式。

创新设计思维结合、运用分析式工具和生成式技巧帮助客户在现有的基础上展望未来,并规划路线图来达成目标。其具体方法包括设计和验证、信息的具体呈现、创新战略、企业组织设计及定性和定量调研。

创新设计思维的所有工作都充分考虑了客户的能力和消费者的需求。在重复流程获得最终解决方案的同时,也在不断评估改进设计。我们的目标是交付正确的、可执行的、具体的战略。带来的成果是:建立在商业盈利和市场需求基础上的创新成长路径。

19世纪,当人们被问到"你想要一个什么样的交通工具"时,用户会说"跑得快的马车",而不会说要汽车,也不会想到汽车。汽车的发明者是德国人卡尔·佛里特立奇·奔驰。他在1885年研制出世界上第一辆马车式三轮汽车,并于1886年1月29日获得世界第一项汽车发明专利。然而福特却是将汽车推广到大众化的创造者(见图4-7)。奔驰发明了汽车,但不是创新,因为他有了新创意和技术可以实现的新产品,可是缺乏大规模的推广,因为在当时成本过高。之后福特将汽车生产流程化,实现了流水线作业,大规模地生产汽车,从而使汽车家用化,普及到普通的人群,才从真正意义上实现了创新。

图 4-7 福特创始人亨利·福特和他的 T 型车

4.2.2 创新设计思维的目标

创新设计思维的目标是培养整个社会具有以人为本发现问题、解决问题、获得创新解决方案的能力,并将创新的基因注入人们的思维模式之中,实现国家的改革、企业的转型、个人的转变,以积极向上开放的心态来做事做人,实现整个民族的创新。在一个企业或者组织中培养员工用创新设计思维的模式解决问题,建立企业的创新文化,真正建立人性化的以人为本的创新思维模式,不管是产品研发、企业运营、流程再造、商业模式、企业战略,还是环境保护、社会责任、卫生教育,都应该具有创新设计的思维模式。

4.2.3 创新设计思维的三要素

1. 开放且善于思考的方法

要创新,必须具有开放的思想和创造性。通常我们面对任务时关注的是现状和问题,不管是以企业为中心还是以客户为中心,我们重点关注的是交付,我们会专心致志地工作,力求按时交付结果。当我们采用善于思考的方法时,我们会以开放的态度面对新的可能性,我们对所有的事情都持有怀疑的态度,充分发挥想象力,让思维迸发出创新的火花,萌生出真正具有颠覆性的创意。这两种方法对我们来讲都很重要,前者是解决问题型,而后者是颠覆创新型。创新设计思维就是在恰当的时间、领域同时运用这两种方法,如果我们能够平衡地利用这两种思维模式,创新设计思维就会获得非常实用的效果,不但能解决问题,还可以获得出人意料的解决方案,不但能站在客户满意的角度考虑问题,还可以站在企业自身的未来设计方案的角度,帮助我们更快更好地解决问题和完成工作。

2. 以客户为中心

重点关注解决方案真正影响到的群体,即我们所说的客户的客户,也就是最终客户。在一般情况下,我们的客户非常关注他们客户的需求,如果我们将重点放到我们客户的客户的需求上,和我们的客户并肩战斗,这样就容易和客户建立战略合作伙伴关系,深入洞察客户的企业,发现客户尚未发现的问题,并提供解决方案,为客户获得更多的机会,帮助客户成功。这个时候,客户可以获得全新的客户体验,而我们就可以赢得客户的信任,成为客户业务运营的支持伙伴,并为其创造价值。

3. 相互关联的小型周期迭代流程

在商界的许多领域,我们都目睹过这样的转变,从采用大型直线型的独立流程,如一些大型软件工程转变成采用小型周期型的关联流程,这样可以有效降低风险、加快执行速度,更重要的是在小型周期中与客户互动,可以为客户带来全新的互动体验,客户始终以合作伙伴的身份出现,参与到整个互动过程,这样不仅可以给客户带来非凡的体验,而且可以随时应对大型项目或者工程,做充分的准备工作。另一种思考小型周期的方法是思维实验,如果你的目标是正中靶心,在资源数量相同的情况下,你可以使用一只长矛,也可以使用很多飞镖,你会如何选择?凭直觉我们都知道,多个飞镖比一根长矛击中靶心的概率更大。因为我们可以先试着扔一个,然后再慢慢调整我们的目标,这就是非常著名的"原型法"。

4.2.4 创新设计思维与设计思维的区别

创新设计思维是设计思维的拓展,它和设计思维的最大区别在于设计思维的基础上,在解决问题时,希望人们首先忘掉现状,忘掉自己的身份和角色,以人为本设计一个美好理想的未来,将设计的未来分为理想家、批评家和现实家的想法,然后再观察现状,研究从现在到未来的实现存在哪些瓶颈,是以目标为导向,反向向回推,寻找需要什么样的资源、技术、战略和行动才可以实现美好的未来,往往获得的结果可能就是颠覆性的创新。而设计思维强调的不是以现状问题为出发点,而是以用户为中心,以人为本,寻找满足客户渴望的服务、内容或者产品。总而言之,商业思维是寻找问题答案和解决方案的思维模式。设计思维是以人为本,站在客户的角度寻找创新方案的思维模式。而创新设计思维是以人为本,寻找颠覆性创新方案的思维模式。我们需要将三者结合起来使用,既要解决问题,还要获得创新,有时还需要获得颠覆性的创新。

4.3 形成创新设计思维的方法:因素分解法

你是否会常常遇到以下状况:思考的时候没有逻辑,大多数时候不知道从哪里下手;讲话时没有条理,费很多口舌却很难把事说清楚;处理问题时效率低,东捡西漏,忙得团团转效果却不佳。如果你常常有以上问题,那么可以尝试采用因素分解法来开阔你的思维,帮助你解决问题。

任何产品(人、事、物)都包含多重影响因素,通过对不同关键因素的排列组合而进行设计的方法是因素分解法。该方法主要指根据对象选择应考虑的各种因素,凭借分析人员的知识和经验集体研究确定选择影响因素进行。该方法简单易行,要求设计人员对产品熟悉,经验丰富,在研究对象彼此相差较大或时间紧迫的情况下比较适用,缺点是无定量分析、主观影响大。

当你在向上司汇报工作上遇到的难题的时候,是讲一大堆关于问题本身的抱怨,但没有分析也没有解决方案,还是抛出结论,然后按照分析问题—找出发生原因—解决方法的思路去汇报来得更清晰、高效,更易于让人接受呢?

因素分解法是一种结构化的思考方式,不仅能提高你的思维能力,还能从实操上让你"思考问题更有逻辑,与人沟通更加清晰,解决问题更有效率"。但是在你还没有掌握这种结构化思维方式时,直接用这种思考方式是有一定难度的。这时候我们就可以采用自下而上的思考方式去找结构。根据《金字塔原理》中的"任何事情都可以归纳出中心论点,中心论点可由3~7个论据支撑,每个一级论点可以衍生出其他的分论点",如此发散开来,就可以形成如图4-8所示的金字塔结构思考方式。

具体的操作方式是:
- 罗列问题的构成要素;
- 对要素进行合理分类;
- 排除非关键要素;
- 对重点要素进行分析。

遵循相互穷尽、不重叠,完全穷尽、不遗漏的原则,先发散,后总结。用这种因素分解方式思考,不仅更容易找到逻辑结构,也更容易培养结构化思维。

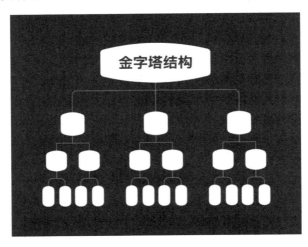

图4-8 金字塔结构思考方式

举个例子:当一个人在思考去大城市还是小城市的时候,他可以先将思考的要素罗列出来,对要点进行分类,最后再总结提炼出自己的决策,如图4-9所示。

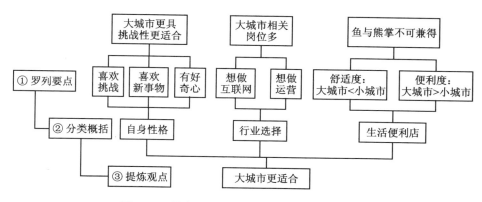

图 4-9 因素分解法案例——大城市或小城市

4.4 创新设计思维工具

4.4.1 5W2H 深度追问法

1. 5W2H 深度追问法概述

5W2H 深度追问法又称为七何分析法,是第二次世界大战中美国陆军兵器修理部首创,简单、方便,易于理解、使用,富有启发意义,广泛用于企业管理和技术活动,对于决策和执行性的活动措施也非常有帮助,也有助于弥补考虑问题时的疏漏。

发明者以五个 W 开头的英语单词和两个以 H 开头的英语单词进行设问,发现解决问题的线索,寻找出创新和发明新项目的思路,更进一步进行设计构思,从而搞出新的发明项目,这就叫作 5W2H 深度追问法(见图 4-10)。

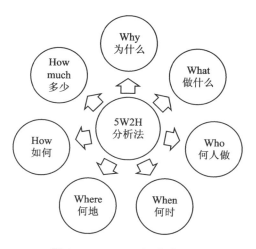

图 4-10 5W2H 深度追问法

2. 5W2H 的内容

5W 的内容:
- Why——为什么?为什么要这么做?理由何在?原因是什么?
- What——是什么?目的是什么?做什么工作?
- Where——何处?在哪里做?从哪里入手?

- When——何时？什么时间完成？什么时机最适宜？
- Who——谁？由谁来承担？谁来完成？谁负责？

2H 的内容：

- How——怎么做？如何提高效率？如何实施？方法怎么样？
- How much——多少？做到什么程度？数量如何？质量水平如何？费用产出如何？

5W2H 的框架见图 4-11 所示。

5W2H框架	参考问题
What	是什么？目的是什么？做什么工作？
How	怎么做？如何提高效率？如何实施？方法怎样？
Why	为什么？为什么要这么做？理由何在？原因是什么？造成这样的结果是什么？
When	何时？什么时间完成？什么时机最适宜？
Where	何处？在哪里做？从哪里入手？
Who	谁？由谁来承担？谁来完成？谁负责？
How much	多少？做到什么程度？数量如何？质量水平如何？费用产出如何？

图 4-11　5W2H 的框架

2. 5W2H 的流程

(1) Who：用户，指整个业务流程中涉及的相关方面

需要注意，这里的用户不单有客户、商家，可能还会涉及平台侧的服务人员。针对 B 类产品客户、商家可能不仅仅是单一角色，可能还会涉及多个角色，如：业务员、内勤人员、财务人员，在不同阶段参与人和参与度都不同。可能会涉及产品定位以外的人员，如行政管理人员等。早期可不做深入挖掘，但也需要收集，了解其参与的作用。

(2) What：目标，即用户需要完成哪些事

这可作为后期拆分页面的依据。针对 2C 电商类产品，比如：发布商品、选择商品、购买商品、处理订单、配送货品、接收货品等。针对 2B 类产品，比如：发布需求、对接需求、签署合同、支付货款、履约交付等。当然，这些都是用户在业务进行到一定的阶段需要完成的一些相对大一点的阶段性的目标。这些目标在后续需要进行进一步的细分处理，拆解子目标，作为后期切分页面的依据。

(3) Why：原因，即了解用户为什么需要完成目标

这涉及设计的流程及页面是否可以进行优化和调整，是否可以从流程上进行节点删除。梳理业务流程不是简单地照搬，需要分析现有实际场景中各节点的必要性，现有流程是否可以进行优化或者调整，知道原因能够有效地帮你判断。

例如：订单生成后的价格调整，其源头在于用户与商家间的议价行为。如果是一口价流程，则可以省去此节点；而且，"为什么"比"是什么"更重要，仅关注"是什么"的问题，这是舍本逐末。

（4）Where：地点，主要说明用户会在什么地点完成目标

地点影响到你提供给用户完成目标的入口，如：订单处理人员的办公地点多在办公室，工作环境多数对着 PC 端，如果仅提供移动端页面就是不符合场景的。仓库管理人员往往需要盘货，仓库内很可能不能携带手机，仓库管理人员也不会坐在 PC 前，因此往往为其提供的是专业的智能终端，如：POS 机、码枪等。

（5）When：时间，主要说明用户会在什么时间完成目标

时间影响到你提供给用户完成目标的交互设计内容等，如：工作时间，用户完成目标可能由于本职工作，需要信息尽可能地详细，甚至对于信息的真实性来源等都有所考虑。但如果是业余时间，则用户可能没有意愿完成细致工作，简单的移交或者搁置、审批等则是更好的选择。另外在视觉设计环节，夜晚使用的页面设计和白天使用的页面设计是不同的，例如微博的夜间模式。

（6）How to：如何完成目标

这个过程真正体现了当前场景下用户是如何操作、处理的。值得一提的是，这个环节需要特别在意用户习惯，需要深刻挖掘用户习惯。在后续的设计中最好是能够契合用户习惯或者能够细微调整它，若无政策要求（行业、企业强制命令），最好不要做大的改变。

例如：很多企业门店的营业员操作工作用电脑的时候，切换信息输入框是通过 Tab 键来操作的，并且习惯是自上而下，从左往右的。但是新设计的页面右边有很大的鼠标操作按钮，并且进入页面就把焦点设置为此处，这样就会改变他们的操作习惯，让用户觉得不适应。同样，财务人员输入数字通常使用小键盘，如果为了防止出错，交互设计改为鼠标单击数字，也会让用户觉得非常不适应。

（7）How much：完成其目标所需要花费的成本代价

这点是打动用户的一个很重要的方面。如果可以把收费升级为免费，把货真价实变成物超所值，或者在等价值的基础上给用户更多的体验，这将是产品的杀手锏。

以上是 5W2H 的流程中需要搞清楚的相关内容，这些信息可以通过现场调研、用户访谈、场景观察等方法获悉。获悉后，将相关内容分类梳理归集成以上几点内容，可以通过"场景列表"＋"图"的形式表现出来。

【例 4.4】 使用 5W2H 深度追问法分析如何增加网站新用户注册量

如果需要组织一个拉新活动来增加网站新用户注册量，则可以使用 5W2H 法来思考：

What：要办一个什么样的拉新活动？活动的助力或阻力有哪些？具体有哪些工作？

Why：为什么要举办这个活动？为什么要采取线上/线下的活动形式？

Who：活动面向的用户是哪些人？参加活动的工作人员是哪些？谁对哪部分的工

作负责?

When:活动策划什么时候完成?什么时候开始宣传?活动举办的时间段是什么?

Where:活动在哪里举办?是线上(宣传渠道有哪些?活动渠道是?)还是线下(具体地点是哪儿?在哪儿做活动宣传?)活动?

How:活动举办的形式?通过什么方式来吸引用户?怎样做宣传?

How much:我们期待达成的注册量目标是多少?活动需要的成本是多少?

4.4.2 鱼骨图法

1. 鱼骨图法概述

问题的特性总是受到一些因素的影响,通过头脑风暴法找出这些因素,将它们与特性值一起按相关相互关联性整理而成的层次分明、条理清楚,并标出重要因素的图形就叫特性要因图。因其形状如鱼骨,所以又叫鱼骨图,它是一种透过现象看本质的分析方法。

鱼骨图最早由日本管理大师石川馨先生提出并发展,所以又可以称为石川图。它也是一种发现问题"根本原因"的方法,因而也被称之为"因果图"。特性要因图不只在发掘原因,还可据此整理问题,找出最重要的问题点,并依循原因找出解决问题的方法。特性要因图的用途极广,在管理工程、事务处理上都可使用,配合其他手法活用,更能取得不错的效果,如:查检表、柏拉图等。其用途可依目的分为以下几类:

- 改善分析用;
- 制定标准用;
- 管理用;
- 质量管理方法导入及培训用等。

2. 鱼骨图法的基本结构

鱼骨图分析法是在解决问题中常用的一个有效工具,原用于质量管理。当问题出现时,大家一起来讨论问题产生的根源所在,找出主要问题出现在哪些环节,以及需要重点解决的问题;并区分哪些是先天的限制因素,是否可以通过努力去改进;哪些是由于条件的限制暂时不能改进,但是否可以通过改进其他问题进行弥补。

鱼骨图分析法包括的 6 个因素是:人、机、料、法、环和测。

鱼骨图法的基本结构如图 4-12 所示。

3. 鱼骨图的三种类型

(1) 整理问题型鱼骨图

此类型鱼骨图用于表示应该考虑哪些方面,各要素与特性值间不存在因果关系,而是结构构成关系。图 4-13 列出了培养学生特长需要注意的五大项及十个小项,每项之间没有特殊的因果或递进的关系。

(2) 原因型鱼骨图

此类型鱼骨图的鱼头一般是向右,特性值通常以"什么问题,什么故障导致什么问

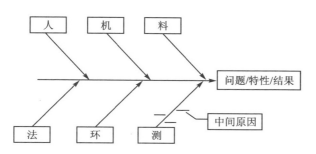

图 4-12　鱼骨图法的基本结构

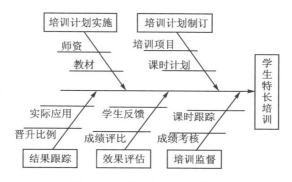

图 4-13　整理问题型鱼骨图

题"来进行表述,通过问题推导结论。图 4-14 列出了"果冻中气泡极多"的基本原因和详细原因,通过该图我们可以很容易找出对应的解决方案。

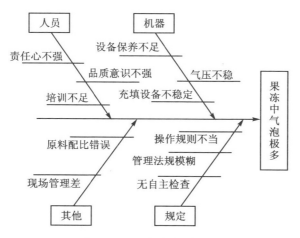

图 4-14　原因型鱼骨图

(3) 对策型鱼骨图

此类型鱼骨图的鱼头一般是向左,特性值通常用"如何提高/改善"。比如我们为了提高学习效率,在图 4-15 中就列出了提高的方法,就是可以通过改善睡眠、增强体育锻炼,劳逸结合,来提高学习效率。

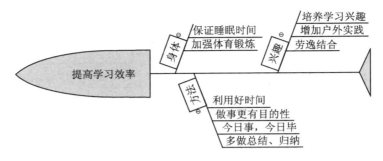

图 4-15 对策型鱼骨图

4. 鱼骨图的制作流程

① 确定特性:在未绘制之前,首先应决定问题的特性是什么。一般来说,特性可以体现为考试错误率、家长抱怨程度、作业出错率等与学习质量有关或是和成本有关的生活费、书本费、材料费等。

② 绘制骨架:首先在纸张或白板右方画一方框,填上决定的特性,然后自左而右画出一条较粗的干线,并在线的右端与方框接合处画一向右的箭头(见图 4-16)。

图 4-16 绘制骨架

③ 大略记载各类原因:确定特性之后,就开始找出可能的原因,然后将各原因用简单的字句,分别记在大骨上的方框中,再加上箭头分支,以斜度约 60°画向干线,画时应留意较干线稍微细一些(见图 4-17)。

④ 依据大要因,再分出中要因:细分出中要因的中骨线(同样为 60°画线)应比大骨线细,中要因的选定以 3~5 个为宜,绘制时应将有因果关系的要因归纳在同一骨线内(见图 4-18)。

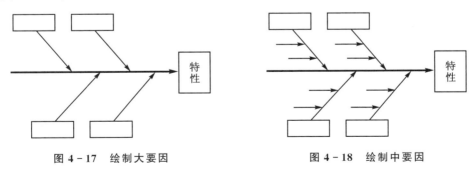

图 4-17 绘制大要因   图 4-18 绘制中要因

⑤ 详细列出小要因:运用与中要因同样的绘制方式,可将更详细的小要因讨论列出。

⑥ 圈出最重要的原因:造成一个结果的原因有很多,可以通过收集数据或自由讨论的方式,比较它对特性的影响程度,用圆圈选出来,以做进一步讨论或采取对策(见图 4-19)。

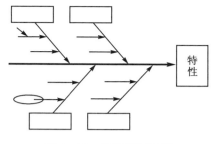

图 4-19 圈出重要原因

⑦ 记载所依据的相关内容:当特性要因图绘制完成后,别忘了填上制作目的、制作日期、制作者和参与人员。

【例 4.5】 减肥失败的原因及对策

小 A 是个胖子,天天喊着减肥,但是天天大鱼大肉,饮食作息无规律,不爱运动,能躺着绝不坐着,能坐着绝不站着,减肥的梦想一天天被搁置,最终体重反增无减。我们可以将减肥失败的原因整理为表格,如表 4-1 所列。

表 4-1 减肥失败因素分析表

目标	关键因素	下一级因素
减肥	饮食	吃太多油腻、高热量食品
	锻炼	缺乏运动、坐躺时间长
	生活习惯	作息不规律
	治疗	没吃减肥药、没有按摩

如果我们把原因按照表格中那样分类,那么我们还是不会重视。如果分析不透,也就制定不出来有效的措施,下面用鱼骨图来分析(见图 4-20):

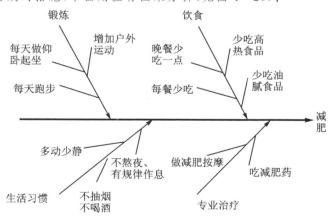

图 4-20 减肥鱼骨图分析

做成鱼骨图之后,原因和对策就很明显了,但是还不够,还需要更加细化和量化,把每一个主要因素和分子因素都细化、量化,问题会很容易解决。

4.5 创新设计思维的步骤

这里的创新设计思维的框架由六个步骤组成,这里不同于IDEO的步骤,也不同于斯坦福大学d·School设计思维的步骤,还不同于SAP原始设计思维的方法,在实践中,我们修正了很多原始的方法,获得了现在的创新设计思维方法论。

这六个步骤并非是线性的,根据主题不同、项目不同,所使用的步骤也不完全相同。

第一步是根据某些现状和存在的问题、客户的投诉、企业的投资、大家期待解决的问题,设定需要研究的主题,制定需要研究主题设计方案的范围;

第二步是通过一系列的探索,包括第一手和第二手资料,利用亲身体验或者调研的模式,快速了解需要解决的主题的现状、存在的问题、客户的期望和自己亲身的体验经历;

第三步是构思,通过对主题的充分了解,对现状及问题的掌握,以最终用户的身份,利用头脑风暴,构思更多新的想法,再转换角度,站在设计者的角度思考,既能满足客户的期望,还可以在一些约束条件下获得大胆创新的想法和点子;

第四步是可行性研究,将创新的想法、点子进行合并、分类、排列优先级,罗列出哪些点子是梦想家的点子,哪些是现实家的点子,哪些是批评家的点子;

第五步是原型设计,采用视觉艺术来展现想法,利用乐高积木、画草图等任何可以利用的道具设计出直观方案,这是对于离散想法的整理、总结,获得直观的视觉设计,让大家了解到想法的直观体验,获得最直观的了解主题的实现思路;

第六步是价值的体现,将设计的方案进行实现,和最终用户沟通,实现方案的落地和推广。

创新设计思维的六个步骤见图4-21。

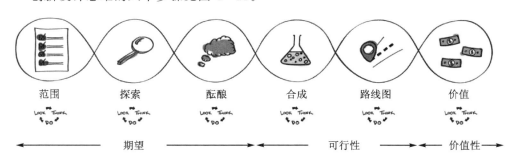

图4-21 创新设计思维的六个步骤

在这六个步骤中,又可分为三大阶段,包括客户的期望(灵感空间)、可行性(构思空间)与价值性(实施空间)。创新的三大要素,就具体体现在这三个阶段。

创新的三大要素为：用户潜在需求的渴望性，创意在技术上实现的可行性，商业延续的价值性。其实也就是 IDEO 的三个阶段，即启发阶段、构思阶段、实施阶段。虽然名称不同，但是基本上内容是差不多的。

在创新设计思维的六个步骤中，每一步又由三个核心循环组成：观察、思考和执行，或者为看、想和做。

创新设计思维的核心就是观察、思考和执行三个循环的迭代。观察就是以最终用户的身份出现，观察具体的问题和现状，了解方方面面的信息，在不同的阶段，围绕着主题再仔细观察、审视，发现问题，进行改善，比如在第一阶段就是反复了解客户的需求和存在的问题，找出问题的根源；在第二阶段，对大家提出的点子和原型充分论证其是否具有创意，是否可以进一步优化或者换一种思维模式，发现更狂野的点子和想法；在第三阶段就是观察该方案如何落地实施，如何进行推广等。思考就是在获得信息的基础上，认真地思考问题的来源，了解问题的真正内涵，发现问题的根源，进行深层次的探索；在不同的阶段，思考在该阶段的问题。比如在第一阶段思考问题的实质和需求；在第二阶段思考解决问题的方法是否具有足够的创新性、是否可以实现、是否具有价值；在第三阶段思考如何实施落地、如何进行推广、如何让用户接受等。执行就是将观察到的问题、信息进行交流沟通，大家一起分享自己的想法和点子，将点子通过原型实现，再将原型进行制作和模拟，使得想法具有可行性。在任何阶段，都要进行这三个循环。将一个整体的项目拆分成很多不同的小项目，就像我们前面讲过的投飞镖和掷长矛的区别一样，我们通常是一气呵成，就像掷出一支长矛，一次一定要获得成功。这里将长矛换成一个一个的小飞镖来击中靶心，降低了风险，而且可以快速实现。

看清情况，了解能做什么；思考并深入研究，确定要做的事情；然后执行。关键是将大型流程分解成很多只飞镖，即观察、思考、执行的相互关联周期，每个周期都是风险低的小型试验，每个实验中得到的经验教训都可以为下一个周期所用。

4.6 互联网思维

4.6.1 互联网思维的定义和内涵

当今世界网络信息技术日新月异，互联网正在全面融入经济社会生产和生活各个领域，引领了社会生产新变革，创造了人类生活新空间，给国家治理带来了新挑战，并深刻地改变着全球产业、经济、利益、安全等格局。传统企业面对这种变化，如不及时做出反应，则会应了那句俗语："不进则退。"网上流行着这样一句话："时代抛弃你时，连一声再见都不会说。"所以传统行业在条件允许的情况下需拥抱变化，及时转型。

互联网思维是在(移动)互联网、大数据、云计算等科技不断发展的背景下，对企业价值链乃至对整个商业生态进行重新审视的思考方式；并且互联网思维已形成一系列体系，影响着人们生活的方方面面。

今天，互联网已经越来越广泛地深入生产生活的方方面面，越来越广泛地普及到地球的各个角落，人际交往、工作方式、商业模式、企业形态、文化传播、社会管理、国家治理……都因为互联网而发生了巨大变化。互联网已经成为这一轮科技革命的时代标志。相应地，互联网思维也成了客观需要的社会思维，不单单是个人思维；成了时代思维，而不仅是一种区域性思维。因此，对于生活在这个时代的每一个成员来说，互联网思维就不是一种可有可无的思维，而是必备思维。没有互联网思维，就难以适应互联网时代的生活，就会落后于时代。因此，有人说，过去企业的失败是因为竞争对手，现在企业的消亡则是被时代淘汰。

那么，互联网思维是一种什么样的思维呢？

第一，互联网思维是一种高度重视互联网的思维。倡导互联网思维，就是倡导人们重视互联网：认真学习互联网知识，努力掌握互联网的特点，充分了解互联网的作用，清晰认识互联网对生产生活带来的变革甚至是颠覆，改变对互联网漠不关心、一无所知、不求甚解的态度。

第二，互联网思维是一种力求适应互联网的思维。机关推行无纸化办公，参观采取网上申请，购物在网上进行，研究项目通过网上招标……所有这些，只有适应，才有可能；如不适应，一切可能都关上了大门。在互联网时代，每一个人都要学会适应互联网，如果不适应，自己的工作舞台、生活空间、自身的意义和价值，便会萎缩，难以拓展。

互联网进入大规模应用时期以来，几乎对所有传统行业和管理模式都形成了巨大冲击：传统出租车业、金融业、商业、制造业、物流业、出版业、医疗业、教育业、垄断业……不少行业和企业陷入困境。同时，互联网应用本身就存在着诸如假冒伪劣、信息垄断、侵犯隐私、宣传过头等问题。于是，批评、谴责、要求限制互联网的声音也此起彼伏。这些声音所反映的互联网的问题值得重视，但对互联网的义愤和要求限制的心态，折射的恰恰是对互联网的不适应，需要通过强化互联网思维去加以改变。

第三，互联网思维是一种利用互联网的思维。它驱使人们积极主动地思考如何利用互联网作为新型工具服务于自己的创造性劳动。是不是借助互联网，在一定意义上成了传统管理与智慧管理、传统产业与新型产业、传统销售与现代销售、传统金融与现代金融的分水岭。

第四，互联网思维是一种大数据思维。数据是对客观世界的测量和记录。在互联网时代，数据就是资源、财富、竞争力。收集数据、积累数据、分析数据，据大数据思考、靠大数据决策、用大数据立业，就是大数据思维。众包、众筹、共享经济，都是大数据思维的产物。办理一笔贷款，传统银行的考察、论证、决策，要花几个月乃至更长的时间，而基于淘宝卖家的营销数据，互联网银行就可以知道商家的利润率，从而为有能力偿还的商家果断提供贷款，一秒快速到账，而且坏账率非常低，这是传统银行无法做到的。

4.6.2 互联网思维模式

互联网思维一共有9种模式，即用户思维、简约思维、极致思维、迭代思维、流量思维、社会化思维、大数据思维、平台思维、跨界思维（见图4-22）。

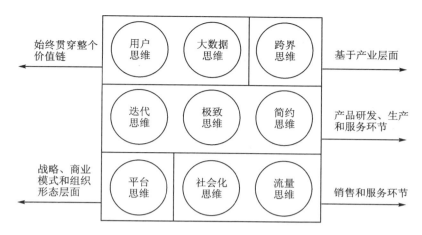

图 4-22 互联网 9 大思维

1. 用户思维

用户思维是一种关于经营理念和消费者的思维模式,也是互联网的核心思维。随着互联网蓬勃发展,越来越多的互联网产品都是围绕用户来展开的,一家企业,作为产品经理,去开发产品的时候,不管是从产品的定位、市场的定位、产品的研发,还是后面的运营、产品的销售、产品的售后、产品的整个价值链的生命周期,都是围绕用户思维(以用户为中心)去展开的,可以换位思考一下,一款产品,如果产出没有人用,那就很失败了。

2. 简约思维

简约思维是一种关于品牌和产品规划的思维模式,即在产品规划和品牌定位中一定要专注,一定要简单,在产品的设计上一定要简洁、简约,让用户清晰了解产品能够给自己带来什么样的价值,在互联网时代,用户的选择非常多,每一个选择留下来的时间越来越短,从一个产品迁移到另一个产品上面的成本越来越低,迁移的成本几乎为零,这就很考验产品的价值了,怎样在短暂的时间抓住用户的眼球。1997 年的苹果,产品线非常多,一直亏,接近破产。乔布斯回归后,一口气砍掉了 70% 的产品线,只专注四条产品线,然后扭亏为盈;时至今日,苹果公司也只有五款产品。越简单的东西越容易传播,简约即是美,设计一定要做减法,功能可以做加法,逻辑简单,像 Google 的首页和百度的首页永远都是那么的简洁;苹果的产品的外观也是很简约的,这就是简约思维基于用户思维延伸的思维。

3. 极致思维

极致思维是一种关于产品和服务体验的思维模式,极致思维就是要求产品经理能够把产品和服务做到极致,把用户体验做到极致,甚至超越用户的预期。在互联网时代,只有第一,没有第二,只有把产品做到了极致,超出了用户的预期,才有核心竞争力。

极致思维是有法则的:① 打造让用户尖叫的产品,即需求一定要抓准。抓准需求主要从以下几点入手:一是痛点,用户需求必须是刚需,是用户急需解决的问题;二是痒点,即工作和生活中有别扭之处,乏力又欲罢不能的点;三是兴奋点,需要去创造,要给用户带来"wow"的感觉,即惊讶的、惊喜的、惊叹的感觉,如效应的刺激点,产生兴奋点,把自己逼到极限,盯紧产品。② 服务即营销,产品周身的体验及服务也需要做到极致,就像"海底捞"一样以服务出名,这也体现了把营销手段做到了极致。

4. 迭代思维

关于流程创新的思维方式,敏捷开发是互联网产品开发中的一种典型的方法,它是以人为核心,以用户为核心,不断地去迭代,是一种循序渐进的开发方式。在整个开发过程中,允许产品出现不足,在不断地试错,不断地修正,不断地迭代中完善产品的一个过程。

在此思维模式下要把握两个原则:一是"小处着眼,微创新"。在用户的使用过程中,根据用户的参与与反馈,贴近用户最根本的体验,要逐步优化产品,产品经理在做产品的过程中可以忍受不完美,但是能让用户在最甜的一个点上把问题解决好,就会起到四两拨千斤的效果。单点的突破,也就是微创新,而众多的微创新会使产品产生质变,最后才会形成一个变革式的创新过程,使产品能够逐步地曲折上升,最终达到一个不错的水平。二是"天下武功,唯快不破"。"快"是什么,是需要产品经理及时在用户的反馈和用户的体验上,迅速做出调整,融合到产品最新的版本中,以此往复,快速迭代,只有快速地响应用户的反馈,才能使产品更加贴近消费者,迭代的速度比质量更重要。逐步地去满足变化的过程,顺势而动,就像小米一样,"MIUI"每周都在坚持迭代。

5. 流量思维

流量思维是一种涉及产品业务运营方面的思维模式。流量意味着一款产品的体量,而产品的体量往往意味着产品的分量,这个和传统企业的销售量或覆盖量是异曲同工的,而互联网产品的流量往往意味着金钱,流量就是入口,流量就是用户。

这里也要把握两个原则:一是"免费是为了更好地收费"。"免费"在互联网产品上体现得非常多,免费只是表面,免费是为了更好地收费,很多的互联网产品都是以免费的手段去获取流量的,这已经成为了一种首要的策略,是用一种免费的策略去竞争用户,在争取用户同时能够黏住用户,像我们知晓的 BAT,大多都是免费起家的,如 360 就是靠免费杀毒起家的。免费的商业模式为:基础免费,但是增值收费,比如腾讯 QQ,聊天、传输文件是免费的,QQ 秀就是收费的;如网盘,小容量免费,多了就收费,免费其实是最昂贵的。这时候就需要产品经理根据产品所处的环境及手上所能利用的资源,以及当时产品所处的竞争环境,需要审时度势地去做这种选择,而不是一味地去追求免费,不然代价非常大。二是"坚持到质变的'临界点'"。流量很重要,但是流量如何获取价值,这时候就需要"坚持'从而达到'质变",这种质变会为公司和产品带来更多的资源和更大的价值,QQ、微信就是这样的。产品经理首先考虑的是把流量做上去,才会有机会和时间去思考产品未来的发展及未来的可能性;否则的话,产品连生存的可能性都没有。

6. 社会化思维

社会化思维是一种关于传播链和关键链的思维模式。在社会化的商业核心下，有一个网的结构，这个网就是最为关键的核心。不管是公司还是产品，其实面对的用户都是以网状的结构存在的群体，每一个节点就是一个用户，所以这个网会影响到产品和设计，以及产品的生产、销售、服务、营销手段的方方面面，都会有相应的变化。

以此对应的话，会有两个法则：一是"利用社会化的媒体，口碑营销，重塑企业和用户的沟通关系"。利用社会化媒体做营销手段，是一种双刃剑的模式，口碑的营销一定是站在用户的角度了解用户关注的是什么，每一个节点都是一个用户，当我们把产品投入到这个网中去的时候，每一个节点都会辐射周围相关的节点，之外又会扩散，层层扩散，会有无穷无尽的可能性。二是"利用社会化网络，众包协作，重塑组织管理和商业运作模式"。什么是"众包协作"？就是在产品的设计与研发中，不断地去与用户沟通，了解用户的反馈以及用户对这个还未成型的产品的评价、建议并搜集回来，然后再与设计和开发人员一起去完成这个产品，这就是众包协作。互联网本身的信息流非常快，成本低廉，如果能够利用好这种思维，就能够获取非常有价值的信息，从而优化更好的产品，使产品一直处于一种螺旋上升的状态。

7. 大数据思维

大数据思维实际上是一种关于公司资产以及核心竞争力的思维模式。随着互联网产品的发展，数据资产已经成为了产品的核心竞争力，越来越多的用户在网络上产生行为，都会留下数据，这些数据包括三个方面：产生的信息、关系和行为。信息：比如用户登录淘宝，注册信息；行为：比如浏览网页，浏览了哪些商品；关系：我把这个商品分享给了谁，卖给了谁，谁付的款，这些都是关系。通过这些数据，就可以做很多事情。大数据本身的价值并不大，主要是其对数据的挖掘、预测能力，才能创造出更多的价值。在了解了数据的价值后，从而创造出产品的价值。未来，海量的用户、良好的数据都会成为核心竞争力，一切都能被数字化、信息化，无论企业的规模多大，数据都是核心竞争力，是赖以生存的基础。"大数据驱动运营管理"，运营并不是盲目的，运营是需要以数据为基础，有数据做支撑的，在互联网和大数据的背景下，用户产生了庞大的数据，这些可以让产品经理深入地了解到某一个用户，这个时候的运营效果才会思维精准，才会有效果。

8. 平台思维

平台思维是一种对商业模式、组织模式的理解模式。互联网的平台思维就是开放、共享、共赢。打造多方共赢生态圈，不具备这种能力的要善于利用现有生态圈。让企业成为员工的平台，企业内部打造"平台型组织"。

平台模式最有可能成就产业巨头。全球最大的 100 家企业里，有 60 家企业的主要收入来自平台商业模式，包括苹果、谷歌等。平台模式的精髓，在于打造一个多主体共赢互利的生态圈。未来的平台之争，一定是生态圈之间的竞争。百度、阿里、腾讯三大互联网巨头围绕搜索、电商、社交各自修建了壮大的产业生态，所以后来者如 360 实际上是很难撼动的。当你不具备构建生态型平台实力的时间,那就要思考怎样利用现有的平台。马云说:"假设我是 90 后重新创业,前面有个阿里巴巴,有个腾讯,我不会跟他们挑战,心不能太大。"互联网巨头的组织变革,都是围绕着怎样打造内部"平台型组织"。包括阿里巴巴 25 个事业部的分拆、腾讯 6 大事业群的调整,都旨在发挥内部组织的平台化作用。海尔将 8 万多人分为 2 000 个自主经营体,让员工成为真正的"创业者",让每个人成为自己的 CEO。内部平台化就是要变成自组织而不是他组织。他组织永远听命于别人,自组织是自己来创新。

9. 跨界思维

跨界思维是一种对产业边界、创新的理解思维模式。随着互联网和新科技的发展,很多产业的边界变得模糊,互联网企业的触角已无孔不入,比如零售、图书、金融、电信、娱乐、交通、媒体等。同时互联网将散落在各地的星星点点的分散需求聚拢在一个平台上,形成新的共同的需求,并形成了规模,解决了重聚的价值。所以要学会利用跨界思维,大胆颠覆式创新。

互联网企业,为什么能够到场甚至赢得跨界竞争?答案就是:用户。他们一方面掌握着用户数据,另一方面又具备用户思维,自然能够携"用户"以令诸侯。阿里巴巴、腾讯相继申办银行,小米做手机、做电视,都是这样的道理。一个真正厉害的人一定是一个跨界的人,能够同时在科技和人文的交汇点上找到自己的坐标。一个真正厉害的企业,一定是手握用户和数据资源,敢于跨界创新的组织。

4.7 "互联网+"及其应用

2015 年 7 月 4 日,国务院印发《国务院关于积极推进"互联网+"行动的指导意见》(国发〔2015〕40 号)。"互联网+"代表一种新的经济形态,即充分发挥互联网在生产要素配置中的优化和集成作用,将互联网的创新成果深度融合于经济社会各领域,提升实体经济的创新力和生产力,形成更广泛的以互联网为基础设施和实现工具的经济发展新形态。

"互联网+"行动计划将重点促进以云计算、物联网、大数据为代表的新一代信息技术与现代制造业、生产性服务业等的融合创新,发展壮大新兴业态,打造新的产业增长点,为大众创业、万众创新提供环境,为产业智能化提供支撑,增强新的经济发展动力,促进国民经济提质增效升级。

4.7.1 "互联网+"的概念

"互联网+"是创新 2.0 下的互联网发展的新业态,是知识社会创新 2.0 推动下的互联网形态演进及其催生的经济社会发展新形态。"互联网+"是互联网思维的进一步实践成果,推动经济形态不断地发生演变,从而带动社会经济实体的生命力,为改革、创新、发展提供广阔的网络平台。

通俗地说,"互联网+"就是"互联网+各个传统行业",但这并不是简单的两者相加,而是利用信息通信技术以及互联网平台,让互联网与传统行业进行深度融合,创造新的发展生态。它代表一种新的社会形态,即充分发挥互联网在社会资源配置中的优化和集成作用,将互联网的创新成果深度融合于经济、社会各领域,提升全社会的创新力和生产力,形成更广泛的以互联网为基础设施和实现工具的经济发展新形态。

4.7.2 "互联网+"的主要特征

"互联网+"主要有以下几个特征:

一是跨界融合。"+"就是跨界,就是变革,就是开放,就是重塑融合。敢于跨界,创新的基础就更坚实;融合协同,群体智能才会实现,从研发到产业化的路径才会更垂直。融合本身也指代身份的融合,如客户消费转化为投资,伙伴参与创新,等等,不一而足。

二是创新驱动。中国粗放的资源驱动型增长方式早就难以为继,必须转变到创新驱动发展这条正确的道路上来。这正是互联网的特质,用互联网思维来求变、自我革命,也更能发挥创新的力量。

三是重塑结构。信息革命、全球化、互联网业已打破了原有的社会结构、经济结构、地缘结构、文化结构。权利、议事规则、话语权不断在发生变化。互联网+社会治理、虚拟社会治理会有很大的不同。

四是尊重人性。人性的光辉是推动科技进步、经济增长、社会进步、文化繁荣的最根本的力量,互联网的力量之强大最根本的原因在于对人性的最大限度的尊重、对人体验的敬畏、对人的创造性发挥的重视。例如 UGC、卷入式营销、分享经济。

五是开放生态。关于"互联网+",生态是非常重要的特征,而生态的本身就是开放的。推进"互联网+",其中一个重要的方向就是要把过去制约创新的环节化解掉,把孤岛式创新连接起来,让研发由人性决定的市场驱动,让创业并努力者有机会实现价值。

六是连接一切。连接是有层次的,可连接性是有差异的,连接的价值是相差很大的,但是连接一切是"互联网+"的目标。

七是法制经济。"互联网+"是建立在市场经济基础之上的法制经济,更加注重对创新的法律保护,增加了对于知识产权的保护范围,使全世界对于虚拟经济的法律保护更加趋向于共通。

4.7.3 "互联网+"和"+互联网"的区别

2015 年 8 月,国务院第一会议室举办了国务院第一次专题讲座,在会议过程中,李克强总理追问"互联网+"与"+互联网"的区别。卢秉恒院士以德国和美国的实例为证进行了说明:德国是工业创新的策源地,质量过硬、基础雄厚、工艺严谨,偏重"制造+互联网";美国的优势在于社会创新、高科技研发、集全球资源与精英,为了消除基础研究与产业化技术之间的鸿沟,偏重"互联网+制造"。

因此,"互联网+"与"+互联网"的区别可以依据以下两个标准进行判断:

① 互联网是工具还是目的;

② 互联网的作用是改进还是颠覆。

"互联网＋"以互联网平台企业和技术型企业为能动体,结合各行各业,通过信息、数据、流量平台的聚合能力、技术能力、资本能力,重组产业价值链,重新分配产业资源。

"＋互联网"以传统各行各业为能动体,主动去连接合作互联网企业,以达成自己企业的升级转型。

"互联网＋"拥有更多的能动性、能动力量,而"＋互联网"更偏向于延伸、改良发展。

4.7.4 "互联网＋"的主要应用

1. 工 业

"互联网＋"在工业领域的应用主要有以下几个方面:

一是"移动互联网＋工业"。借助移动互联网技术,传统制造厂商可以在汽车、家电、配饰等工业产品上增加网络软硬件模块,实现用户远程操控、数据自动采集分析等功能,极大地改善了工业产品的使用体验。

二是"云计算＋工业"。基于云计算技术,一些互联网企业打造了统一的智能产品软件服务平台,为不同厂商生产的智能硬件设备提供统一的软件服务和技术支持,优化用户的使用体验,并实现各产品的互联互通,产生协同价值。

三是"物联网＋工业"。运用物联网技术,工业企业可以将机器等生产设施接入互联网,构建网络化物理设备系统(CPS),进而使各生产设备能够自动交换信息、触发动作和实施控制。物联网技术有助于加快生产制造实时数据信息的感知、传送和分析,加快生产资源的优化配置。

四是"网络众包＋工业"。在互联网的帮助下,企业通过自建或借助现有的"众包"平台,可以发布研发创意需求,广泛收集客户和外部人员的想法与智慧,大大扩展了创意来源。工业和信息化部信息中心搭建了"创客中国"创新创业服务平台,链接创客的创新能力与工业企业的创新需求,为企业开展网络众包提供了可靠的第三方平台。

2. 金 融

在金融领域,余额宝横空出世的时候,银行觉得不可控,也有人怀疑二维码支付存在安全隐患,但随着国家对互联网金融的研究越来越透彻,银联对二维码支付也出台了相关标准,互联网金融得到了较为有序的发展,也得到了国家相关政策的支持和鼓励。

"互联网＋金融"从组织形式上看,这种结合至少有三种方式:第一种是互联网公司做金融,如果这种现象大范围发生,并且取代原有的金融企业,那就是互联网金融颠覆论;第二种是金融机构的互联网化;第三种是互联网公司和金融机构合作。

3. 商 贸

在零售、电子商务等领域,过去几年都可以看到和互联网的结合,正如马化腾所言,"它是对传统行业的升级换代,不是颠覆掉传统行业"。在其中,又可以看到"特别是移动互联网对原有的传统行业起到了很大的升级换代的作用"。

2014年,中国网民数量达6.49亿,网站400多万家,电子商务交易额超过13万亿元人民币。在全球网络企业前 10 强排名中,有 4 家企业在中国,互联网经济成为中国经济的最大增长点。

4. 通　信

在通信领域,"互联网＋通信"有了即时通信,几乎人人都在用即时通信 App 进行语音、文字甚至视频交流。然而传统运营商在面对微信这类即时通信 App 诞生时简直如临大敌,因为语音费和短信费收入大幅下滑,但随着互联网的发展,来自数据流量业务的收入已经大大超过语音收入的下滑,可以看出,互联网的出现并没有彻底颠覆通信行业,反而是促进了运营商进行相关业务的变革升级。

5. 交　通

"互联网＋交通"已经在交通运输领域产生了"化学效应",比如,大家经常使用的打车软件、网上购买火车票和飞机票、出行导航系统,等等。

从国外的 Uber、Lyft 到国内的滴滴打车、快的打车,移动互联网催生了一批打车、拼车和专车软件,虽然它们在全世界不同的地方仍存在不同的争议,但它们通过把移动互联网和传统的交通出行相结合,改善了人们出行的方式,增加了车辆的使用率,推动了互联网共享经济的发展,提高了效率,减少了排放,对环境保护也做出了贡献。

6. 民　生

在民生领域,你可以通过各级政府的公众账号享受服务,如某地交警可以在 60 秒内完成罚款收取等,移动电子政务成为推进国家治理体系的工具。

7. 旅　游

微信可以实现微信购票、景区导览、规划路线等功能。腾讯云可以帮助建设旅游服务云平台和运行监测调度平台。市民在景区门口,不用排队购票,只要在景区扫一扫微信二维码,即可实现微信支付。购票后,微信将根据市民的购票信息,进行智能线路推送;而且,微信电子二维码门票自助扫码过闸机,无需人工检票入园。

8. 医　疗

现实中存在看病难、看病贵等难题,业内人士认为,"移动医疗＋互联网"有望从根本上改善这一医疗生态。具体来讲,互联网将优化传统的诊疗模式,为患者提供一条龙的健康管理服务。在传统的医患模式中,患者普遍存在事前缺乏预防、事中体验差、事后无服务的现象。而通过互联网医疗,患者有望从移动医疗数据端监测自身健康数据,做好事前防范;在诊疗服务中,依靠移动医疗实现网上挂号、询诊、购买、支付,节约时间和经济成本,提升事中体验;并依靠互联网在事后与医生沟通。

9. 教　育

一所学校、一位老师、一间教室,这是传统教育。一张网、一个移动终端,几百万学生,学校任你挑、老师由你选,这就是"互联网＋教育"。

在教育领域,面向中小学、大学、职业教育、IT 培训等多层次人群开放课程,可以足不出户在家上课。"互联网＋教育"的结果,将会使未来的一切教与学活动都围绕互联网进行,老师在互联网上教,学生在互联网上学,信息在互联网上流动,知识在互联网上成型,线下的活动成为线上活动的补充与拓展。

"互联网+教育"的影响不只是创业者们,还有一些平台能够实现就业的机会,在线教育平台能提供的职业培训就能够让一批人实现职能的培训,而自身创业就能够解决就业。李克强总理提出的"大众创业,万众创新"对于教育而言有深远的影响。教育不只是商业,类似极客学院,上线一年多,就用近千门职业技术课程和4 000多课时帮助80多万IT从业者用户提高了职业技能。

10. 语　言

互联网正以改变一切的力量,在全球范围掀起一场影响人类所有层面的深刻变革,而人类正站在一个新的时代——互联网时代到来的前沿。在这一前沿,作为人类最重要的交际工具——语言,随着互联网技术的发展而发展变化;"互联网+语言"的传播模式也由此诞生,它将成为增强语言影响力的有效途径。

"互联网+语言"代表了一种新的文化形态,即充分发挥互联网在语言传播中的作用,增强语言的影响力,提升语言的软实力,形成更广泛的、以互联网为载体和技术手段的语言发展新形态。语言传播的动因是推动语言传播的力量,不同时代不同语言的传播,有着不同的动因,如文化、科技、军事、宗教和意识形态等。在信息时代,互联网成了语言传播的直接动因和有力工具,并在逐渐演变成为多语言的网络世界。因此,充分发挥互联网在语言传播中的作用,对于增强语言的影响力具有十分重要的意义。

11. 政　务

截至2020年6月,我国在线政务服务用户规模达7.73亿,较2020年3月增长11.4%,占网民整体的82.2%。"互联网+政务服务"有力助推疫情后的复工复产。新冠肺炎疫情暴发后,"零见面、零跑腿、零成本"成为全国疫情防控最基本要求,也成为我国数字化政府建设的强劲动力。随着各地各行业陆续复工复产,"互联网+政务服务"的重要性不断凸显。一方面,各级政府积极打造"数字政府",保障经济发展与抗疫并行。国家政务服务平台通过建立小微企业和个体工商户服务专栏,使各项政策易于知晓、一站办理,方便企业的复工复产,确保疫情期间工作"不打烊"、服务"不断档"。另一方面,线上化服务提升了办事效率,加速了复工复产进程。多地推行"线上远程帮办"行政审批服务,并积极开通"战疫"审批绿色通道,努力实现业务办理"零见面、零跑腿、零成本",让企业复工复产更加高效。国家政务服务平台建设"防疫健康信息码",汇聚并支撑各地共享"健康码"数据6.23亿条,累计服务6亿人次,支撑全国绝大部分地区"健康码"实现"一码通行",成为此次大数据支撑疫情防控的重要创新。"横到边、纵到底"的一体化政务服务体系初步建成。联合国数据显示,我国电子政务发展指数为0.794 8,排名从2018年的第65位提升至第45位,取得历史新高,达到全球电子政务发展"非常高"的水平。

12. 农　业

农业看起来离互联网最远,但"互联网+农业"的潜力却是巨大的。农业是中国最传统的基础产业,亟须用数字技术提升农业生产效率,通过信息技术对地块的土壤、肥力、气候等进行大数据分析,然后据此提供种植、施肥相关的解决方案,大大提升农业生产效率。此外,农业信息的互联网化将有助于需求市场的对接,互联网时代的新农民不仅可以利用互联网获取先进的技术信息,也可以通过大数据掌握最新的农产品价格走势,从而决定农业生产重点。与此同时,农业电商将推动农业现代化进程,通过互联网交易平台减少农产品买卖中间环节,增加农民收益。面对万亿元以上的农资市场以及近七亿的农村用户人口,农业电商面临巨大的市场空间。

13．智慧城市

智慧城市作为推动城镇化发展、解决超大城市病及城市群合理建设的新型城市形态,"互联网＋"正是解决资源分配不合理、重新构造城市机构、推动公共服务均等化等问题的利器。譬如在推动教育、医疗等公共服务均等化方面,基于互联网思维,搭建开放、互动、参与、融合的公共新型服务平台,通过互联网与教育、医疗、交通等领域的融合,推动传统行业的升级与转型,从而实现资源的统一协调与共享。从另外一个角度来说,智慧城市为互联网与行业产业的融合发展提供了应用土壤,一方面推动了传统行业升级转型,在遭遇资源瓶颈的形势下,为传统产业行业通过互联网思维及技术突破推进产业转型、优化产业结构提供了新的空间;另一方面能够进一步推动移动互联网、云计算、大数据、物联网新一代信息技术为核心的信息产业发展,为以互联网为代表的新一代信息技术与产业的结合与发展带来了机遇和挑战,并催生了跨领域、融合性的新兴产业形态。

14．法　律

"互联网＋法律"与"互联网＋其他产业"模式不同,因为法律不是一般的产业。要构建"互联网＋法律",只能依据互联网与法律两者的内容,逐步建立新的联系。互联网领域包括了数学、计算(知识产权)、科技(生产力)、信息权(信息)、隐私、财富、空间(权利义务的新形态)、交往(传播、道德)、联系(交往、管理)、数据(新财产、信息)、安全(自身安全、危害性)等内容;法律则包括了国家制度(上层建筑)、规则(宪刑民行等)、技术(专业化)、权利义务(法定性)、权力(国家对私主体)、机制(司法体制机制)、服务(律师、法务等)、安全(强制力)等。

15．产业升级

"互联网＋"不仅正全面应用到第三产业中,形成了诸如互联网金融、互联网交通、互联网医疗、互联网教育等新业态,而且正在向第一和第二产业渗透。

"互联网＋"行动计划将促进产业升级。首先,"互联网＋"行动计划能够直接创造出新兴产业,促进实体经济持续发展。"互联网＋行业"能催生出无数的新兴行业。比如,"互联网＋金融"激活并提升了传统金融,创造出包括移动支付、第三方支付、众筹、P2P网贷等模式的互联网金融,使用户可以在足不出户的情况下满足金融需求。其次,"互联网＋"行动计划可以促进传统产业变革。"互联网＋"令现代制造业管理更加柔性化,更加精益制造,更能满足市场需求。最后,"互联网＋"行动计划将帮助传统产业提升。互联网＋商务＝电商,互联网与商务相结合,利用互联网平台的长尾效应,在满足个性化需求的同时创造出了规模经济效益。

"互联网＋"行动计划将重点促进以云计算、物联网、大数据为代表的新一代信息技术与现代制造业、生产性服务业等的融合创新,发展壮大新兴业态,打造新的产业增长点,为大众创业、万众创新提供环境,为产业智能化提供支撑,增强新的经济发展动力,促进国民经济提质增效升级。

4.7.5 "互联网＋"大学生创新创业

"互联网＋"中重要的一点是催生新的经济形态,并为大众创业、万众创新提供环境。

"互联网＋"是对创新2.0时代新一代信息技术与创新2.0相互作用共同演化推进经济社会发展新形态的高度概括。

伴随着知识社会的来临,驱动当今社会变革的不仅仅是无所不在的网络,还有无所不在的计算、无所不在的数据、无所不在的知识。"互联网＋"不仅仅是互联网移动了、泛在了、应用于某个传统行业了,而是加入了无所不在的计算、数据、知识,造就了无所不在的创新,推动了知识社会以用户创新、开放创新、大众创新、协同创新为特点的创新2.0,改变了人们的生产、工作、生活方式,也引领了创新驱动发展的"新常态"。

中国"互联网＋"大学生创新创业大赛,由教育部与政府、各高校共同主办。大赛旨在深化高等教育综合改革,激发大学生的创造力,培养造就"大众创业、万众创新"的主力军;推动赛事成果转化,促进"互联网＋"新业态形成,服务经济提质增效升级;以创新引领创业、创业带动就业,推动高校毕业生更高质量创业就业。

下面以2021年第7届中国国际"互联网＋"大学生创新创业大赛为例(见图4-23)。

图4-23 2021年第7届中国国际"互联网＋"大学生创新创业大赛

1. 大赛目的

以赛促学,培养创新创业生力军。大赛旨在激发学生的创造力,激励广大青年扎根中国大地了解国情民情,锤炼意志品质,开拓国际视野,在创新创业中增长智慧才干,把激昂的青春梦融入伟大的中国梦,努力成长为德才兼备的有为人才。

以赛促教,探索素质教育新途径。把大赛作为深化创新创业教育改革的重要抓手,引导各类学校主动服务国家战略和区域发展,深化人才培养综合改革,全面推进素质教育,切实提高学生的创新精神、创业意识和创新创业能力。推动人才培养范式深刻变革,形成新的人才质量观、教学质量观、质量文化观。

以赛促创,搭建成果转化新平台。推动赛事成果转化和产学研用紧密结合,促进"互联网+"新业态形成,服务经济高质量发展,努力形成高校毕业生更高质量创业就业的新局面。

2. 大赛时间

参赛报名:一般为每年的 4—6 月;
初赛复赛:一般为每年的 6—9 月中旬;
全国总决赛:一般为每年的 11 月上旬。

3. 历年大赛主题

第 1 届:"互联网+成就梦想",创新创业开辟未来;
第 2 届:拥抱"互联网+"时代　共筑创新创业梦想;
第 3 届:搏击"互联网+"新时代,壮大创新创业生力军;
第 4 届:勇立时代潮头　敢闯会创,扎根中国大地　书写人生华章;
第 5 届:敢为人先放飞青春梦　勇立潮头建功新时代;
第 6 届:我敢闯、我会创。

4. 大赛五大主题

- "互联网+"现代农业:包括农林牧渔等;
- "互联网+"制造业:包括先进制造、智能硬件、工业自动化、生物医药、节能环保、新材料、军工等;
- "互联网+"信息技术服务:包括人工智能技术、物联网技术、网络空间安全技术、大数据、云计算、工具软件、社交网络、媒体门户、企业服务、下一代通信技术等;
- "互联网+"文化创意服务:包括广播影视、设计服务、文化艺术、旅游休闲、艺术品交易、广告会展、动漫娱乐、体育竞技等;
- "互联网+"社会服务:包括电子商务、消费生活、金融、财经法务、房产家居、高效物流、教育培训、医疗健康、交通、人力资源服务等。

5. 奖项设置

高教主赛道:中国内地参赛项目设金奖 50 个、银奖 100 个、铜奖 450 个;中国港、澳、台地区参赛项目设金奖 5 个、银奖 15 个、铜奖另定;国际参赛项目设金奖 40 个,银奖 60 个,铜奖 300 个。另设最佳带动就业奖、最佳创意奖、最具商业价值奖、最具人气奖各 1 个;设高校集体奖 20 个,省市优秀组织奖 10 个(与职教赛道合并计算)和优秀创新创业导师若干名。

青年红色筑梦之旅赛道:设金奖15个、银奖45个、铜奖140个。设"乡村振兴奖""社区治理奖""逐梦小康奖"等单项奖若干。设"青年红色筑梦之旅"高校集体奖20个、省市优秀组织奖8个和优秀创新创业导师若干名。

职教赛道:设金奖15个、银奖45个、铜奖140个。设院校集体奖20个、省市优秀组织奖10个(与高教主赛道合并计算),优秀创新创业导师若干名。

萌芽赛道:设创新潜力奖20个和单项奖若干个。

6. 参赛方式

① 大赛以团队为单位报名参赛。每个团队的参赛成员不少于3人,原则上不多于15人(包含团队负责人),须为项目的实际核心成员。参赛团队所报参赛创业项目须为本团队策划或经营的项目,不得借用他人项目参赛。

② 参赛项目能够将移动互联网、云计算、大数据、人工智能、物联网、下一代通信技术、区块链等新一代信息技术与经济社会各领域紧密结合,服务新型基础设施建设,培育新产品、新服务、新业态、新模式;发挥互联网在促进产业升级以及信息化和工业化深度融合中的作用,服务新型基础设施建设,促进制造业、农业、能源、环保等产业转型升级;发挥互联网在社会服务中的作用,创新网络化服务模式,促进互联网与教育、医疗、交通、金融、消费生活等深度融合。

③ 参赛项目须真实、健康、合法,无任何不良信息,项目立意应弘扬正能量,践行社会主义核心价值观。参赛项目不得侵犯他人知识产权;所涉及的发明创造、专利技术、资源等必须拥有清晰合法的知识产权或物权;抄袭、盗用、提供虚假材料或违反相关法律法规一经发现即刻丧失参赛相关权利并自负一切法律责任。

④ 参赛项目涉及他人知识产权的,报名时须提交完整的具有法律效力的所有人书面授权许可书、专利证书等;已完成工商登记注册的创业项目,报名时须提交营业执照及统一社会信用代码等相关复印件、单位概况、法定代表人情况、股权结构等。参赛项目可提供当前财务数据、已获投资情况、带动就业情况等相关证明材料。在大赛通知发布前已获投资1 000万元及以上或在2019年及之前任意一个年度的收入达到1 000万元及以上的参赛项目,请在全国总决赛时提供相应佐证材料。

⑤ 参赛项目根据各赛道相应的要求,只能选择一个符合要求的赛道参赛。已获往届中国"互联网+"大学生创新创业大赛全国总决赛各赛道金奖和银奖的项目,不可报名参加本届大赛。

7. 比赛阶段

比赛大致分为三大阶段:

- 校级选拔赛;
- 省级选拔赛;
- 全国总决赛。

8. 比赛流程

比赛具体流程如下:

- 构建项目；
- 组建团队；
- 参赛。

9. 参赛准备详情

完成项目、团队这两件事后，要参与比赛，以下几点是必须要做的。

（1）撰写 BP

BP，也就是商业计划书。BP 大致需要包含以下几个章节：

- 执行摘要；
- 公司/产品/服务/项目/团队介绍；
- 市场分析、规划、营销；
- 财务、组织架构；
- 战略、发展、未来规划。

（2）编写 PPT

- 介绍：包括封面、问题、解决方案、技术、运营情况；
- 业务：市场、竞争、客户群体、销售策略、营收（盈利）模式、团队；
- 未来：里程碑、财务及预测、融资方案、问答。

（3）制作宣传视频

此处略。

（4）寻找指导老师

指导老师一般分为校内指导老师和校外企业导师，寻找一位合适的指导老师是十分关键的，要充分考虑老师的资历以及时间规划情况，保证自己最大限度地利用资源。

10. 从评审角度出发，打造出一个成功的项目

项目讲求三大要素：创新性、商业性和团队性。创新性是灵魂，商业性是基础，团队性是源泉。

（1）创新性

创新包括在三个方面，分别是产品创新、生产技术和工艺创新、模式创新。

产品创新在于创造出一件新的以前没有的东西来满足特定人群的特殊需求。而且，在写这类创新产品的商业计划书时，不能只写产品的营销，核心是要写出这种产品的生产阶段，即如何生产，以及人员、设备、厂家等的一系列调度，这是老师们重点看的内容，也是能否令老师们信服的一点。

模式创新在于能够深度挖掘用户的需求，设计出全新的营销策略，使产品的营销更为高效，以此来增强企业的核心竞争力，提高企业利润。

（2）商业性

主赛道的项目要突出盈利，主要强调三个方面：项目的市场前景和规模、细分垂直领域的客户画像、公司财务预测。在商业模式上，还要重点阐述生产和销售。

（3）团队性

要先总体写出团队成员的共性，由志同道合到情投意合，再到互相欣赏，是一个团

结和谐的大集体,而且,一定要凸显团队是能力相匹配的一群人。

习题:

(1) 什么是设计思维?

(2) 举例说明左脑思维和右脑思维的区别。

(3) 采用因素分解法分析影响学习成绩的原因。

(4) 设计一款 App 调查问卷,请采用 5W2H 方法来明确需要解决的问题。

(5) 使用鱼骨图法对拖延顽疾进行相应的对策分析。

(6) 请阐述"互联网+"与"+互联网"的区别。

(7) 请列举几个身边的"互联网+"应用案例。

第 5 章　TRIZ 创新方法概论

TRIZ,俄语原意为"发明家式的解决任务理论",用英语标音可读为"Teoriya Resheniya Izobreatatelskikh Zadatch",缩写为 TRIZ。译成英文为"Theory of Inventive Problem Solving,TIPS",因此也有人缩写为 TIPS。相比于传统的创新方法:尝试法、试错法、列举法等,TRIZ 为人们创造性地解决问题提供了一套成熟的理论和系统化的方法体系,具有高效、高质的特点。事实证明,TRIZ 的使用可以极大减少发明创造所需时间,运用系统化的方法进行问题分析,突破思维定势,有效提升人们的创新能力。

5.1　TRIZ 的起源与发展

TRIZ 有两个基本含义,表面的意思是强调解决实际问题,特别是发明问题;隐含的意思是由解决发明问题而最终实现(技术和管理)创新,因为解决问题就是要实现发明的实用化,这符合创新的基本定义。

尽管人类无数次地遵循了创新的规律,实现了创新的方法,但一直没有人把创新的方法明确地、系统地总结出来,直到 20 个世纪 40 年代,这个任务历史性地落到了一位名叫根里奇·阿奇舒勒(Genrich. S. Altshuller,见图 5-1)的苏联发明家肩膀上。阿奇舒勒和他的同事们研究了来自于世界各国的上百万个专利,通过分析后指出:一旦我们对大量的好的专利进行分析,提炼出问题的解决模式,就能够学习这些模式,从而创造性地解决问题。阿奇舒勒提出了一套体系相对完整的"发明家式的解决任务理论",为 TRIZ 的问世和发展奠定了基础。TRIZ 来源于创新实践,又反过来指导实践中的创新,充

图 5-1　阿奇舒勒

分体现了辩证唯物主义的科学发展观。TRIZ 的起源和发展如图 5-2 所示。

阿奇舒勒认为,创新不是灵感和灵光一现的作用,而是人与技术相互作用的结果;创新有着明确而强烈的客观规律,创新是一种人类与生俱来的先天能力,是随着年龄的成长而逐渐被埋没,但是又可以在后天被重新激发的能力。

阿奇舒勒指出:产品及其技术的发展总是遵循着一定的客观规律。相同的发明创新问题,以及为了解决这些问题所使用的创新原理与方法,在不同的时期、不同的领域

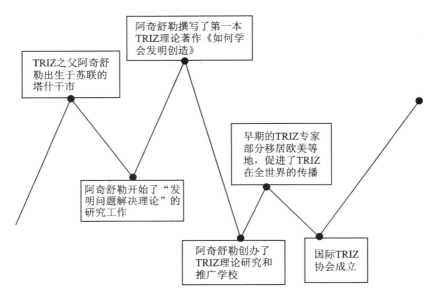

图 5-2 TRIZ 的起源和发展

里反复出现,也就是说,解决问题(实现创新)的方法是有规律、有方法的,把这些关于方法的知识进行提炼和重组,形成一套系统化的理论,就可以用来指导后来的发明创新,就可以能动地进行产品设计,并且能预测产品的未来发展趋势。

TRIZ 之父——阿奇舒勒简介:

1926 年 10 月 15 日出生于苏联的塔什干(现乌兹别克首都)。

阿奇舒勒 14 岁时就获得首个专利证书——水下呼吸器;15 岁时制作出一条船,船上装有使用碳化物作为燃料的喷气发动机。

1946 年,阿奇舒勒被安排到海军专利局从事专利审核工作,接触了大量的专利资料,他发现了发明背后存在着某种规律和模式,形成了 TRIZ 的原始思想基础。为了验证这些理论,他相继做出了排雷装置、船上的火箭引擎、无法移动潜水艇的逃生方法等多项发明。

1956 年,阿奇舒勒和沙佩罗共同合写的文章《发明创造心理学》在《心理学问题》杂志上发表。

1961 年,阿奇舒勒写出了他的第一本书《如何学会发明创造》,他批判了用错误尝试法去进行发明,明确提出了 TRIZ。

1968 年,阿奇舒勒 9 年的等待有了结果,在格鲁吉亚的津塔里召开一个关于发明方法的研讨会,这是针对 TRIZ 的第一个研讨会。

1969 年,阿奇舒勒出版了《发明大全》,提供《40 个创新原则》——这是一套解决发明问题的完整法则,从而奠定了 TRIZ 的地位。

1966—1970 年,阿奇舒勒相继提出了 39 个工程参数和矛盾矩阵、分离原理、效应原理。

1970年,阿奇舒勒创办了TRIZ的研究和推广学校,为TRIZ的普及和应用培养了很多的专家。

1979年阿奇舒勒发表了《创造是一门精密的科学》,论述了物-场分析模型和76个标准解。

1986年,阿奇舒勒提出了《ARIZ发明问题解决算法》,使TRIZ形成了一套完整的理论体系。

1989年,在彼得罗扎沃茨克建立了国际TRIZ协会,阿奇舒勒担任首届主席。

1998年9月24日,阿奇舒勒逝世于彼得罗扎沃茨克,享年72岁。

与以往的传统创新技法相比较,TRIZ理论是一种截然不同的创新方法论,它把创新提升到了方法学的高度,为产品创新设计提供了方向性、有序性和可操作性,因此受到了世界各国的极大关注,成为当今世界所公认的指导创新的最佳工具。过去十多年的事实已经证明,凡是掌握和应用了TRIZ理论的国家和地区,其科技水平及国家竞争力均已得到大幅度提升。

TRIZ创新方法的几个要点是:

创新有方法、有规律,不是靠"灵光一现"和"运气"来决定的事情。

创新有原理、有工具,常人掌握了以后,都可以像发明家一样来做创新。

创新有实践、有验证,所有的创新方法和规律都在中国人的科技历史上得到了无数次的实践与验证,取得了无数的科创新成果,由此而增加了读者对创新的熟悉感与体验感,提升了创新的信心。

创新有思维、有辩证法,它敢于否定、质疑和超越常规,可以指导人们在现有的创新成果的基础上,去思考、领悟和发现未知的事物与规律,将创新的层面进一步提升,将创新的成果进一步扩大,将创新的研究进一步深入。

无论是过去还是现在,无论是古人还是今人,只要进行发明创新,就一定会或"明"或"暗"地遵循TRIZ的理论去做——"明"在知晓和有指导;"暗"在无意识地摸索对了方向并实践成功。

5.1.1　TRIZ的发展历史

1. TRIZ在国外的发展

1946年,年仅20岁的阿奇舒勒成为苏联里海舰队专利部的一名专利审查员,也就是从这个时候开始,他有机会接触并对大量的专利进行分析研究。在研究中阿奇舒勒发现,发明是有一定规律的,掌握了这种规律有助于做出更多、更高级别的发明。从此,阿奇舒勒共花费了将近50年的时间,揭示出隐藏在专利背后的规律,构建了TRIZ的理论基础,创立并完善了TRIZ。

在阿奇舒勒看来,人们在解决发明问题的过程中,所遵循的科学原理和技术进化法则是一种客观存在,大量发明所面临的基本问题是相同的,其所需要解决的矛盾(在TRIZ中称为技术矛盾和物理矛盾),从本质上说也是相同的,同样的技术创新原理和相应的解决问题的方案,会在后来的一次次发明中被反复应用,只是被使用的技术领域不同而已。因此,将那些已有的知识进行整理和重组,形成一套系统化的理论,就可以用来指导后来者的发明和创造。正是基于这一思想,阿奇舒勒与苏联的科学家们一起,对数以百万计的专利文献和自然科学知识进行研究、整理和归纳,最终建立起一整套系统化的、实用的、解决发明问题的理论和方法体系,见图5-3。

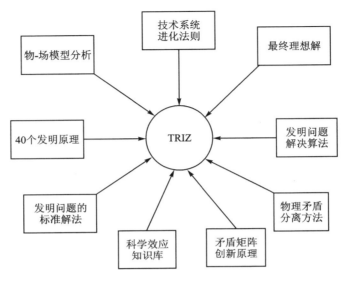

图 5-3 TRIZ 的主要内容

美苏冷战期间,TRIZ 的内容并不为西方国家所掌握。直至苏联解体后,在 20 世纪 90 年代初、中期,随着部分 TRIZ 研究人员移居到欧、美等西方国家,TRIZ 才系统地传到了西方并引起学术界和企业界的关注。特别是在 TRIZ 传入美国后,在密歇根州等地成立了 TRIZ 研究咨询机构,继续对 TRIZ 进行深入的研究,使 TRIZ 得到了更加广泛的应用和发展。

TRIZ 的发展历程如表 5-1 所列。

表 5-1 TRIZ 发展历程

时间	发展脉络
1946—1950	G. Altschuller 开始早期 TRIZ 研究:解决技术冲突是获得创新的关键
1950—1954	1950 年阿奇舒勒致信斯大林批评苏联创新系统,作为政治犯入狱
1956	发表第一篇正式 TRIZ 论文:《关于技术创造:介绍技术冲突、理想解、创造性系统思维、技术系统完整性定律、发明原理等》
1956—1959	发明问题解决算法:15 步、18 条发明原理、理想解
1963	ARIZ 诞生
1964	改进的 ARIZ 算法:18 步,31 条发明原理,技术冲突矩阵
1964—1968	新版 ARIZ:25 步,35 条发明原理,技术冲突矩阵(32X32),开始研究创新思维系统

续表 5-1

时间	发展脉络
1969	创立 AZOIIT 创新与发明研究所,OLMI 发明方法公共实验室
1971	ARIZ-71:35 步,40 条发明原理,技术冲突矩阵(39X39),物理效应
1974	彼得堡 TRIZ 学校成立
1975	物质-场模型及 5 种标准解
1977	ARIZ-77:31 步,引入物理冲突,发表 18 个标准解
1979	出版《创造是一门精确的科学》,技术进化理论和进化路线出现
1982	ARIZ-82:34 步,引入 X-元件及小问题概念、小人法。发表了 54 个发明原理,启动生物效应研究。TRIZ 在其他领域应用
1985	ARIZ-85C:32 步,76 个标准解,经典 TRIZ 形成
1986	创新个性研究
1989	第一个基于 TRIZ 的计算机辅助创新软件在 IM 实验室(USA)Invention MachineTM 诞生;功能分析、40 条发明原理、技术冲突解决矩阵、76 个标准解、特征传递等。苏联 TRIZ 联合会成立

2. TRIZ 在我国的发展

在我国学术界,一些研究专利的科技工作者和学者在 20 世纪 80 年代中期就已经初步接触 TRIZ,并对其做了一定的资料翻译和技术跟踪。在 20 世纪 90 年代中后期,国内部分高校开始研究 TRIZ,并在本科生、研究生课程中介绍 TRIZ,在一定范围内开展了持续的研究和应用工作。进入 21 世纪,TRIZ 开始从学术界走向企业界。

2007 年,国家科技部决定组织实施创新方法工作;

2007 年 3 月 7 日,《科技日报》"两会特刊"强调了创新方法的重要性;

2007 年 5 月 27 日,科技部举办"企业技术创新方法培训研讨会";

2007 年 5 月 29 日,刘燕华副部长在《科技日报》发表题为《大力开展创新方法工作,全面提升自主创新能力》长篇文章;

2007 年 6 月 24 日,三位院士上书温家宝总理要求政府组织推动创新方法的研究;

2007 年 7 月 3 日,温家宝总理对院士来信做出重要批示;

2007 年 8—10 月,科技部联合教育部、发改委、科协共同起草落实温家宝总理批示的文件;

2007 年 11 月,温家宝总理再次对文件做出"赞成!"批示,陈至立也做出"报告很好,要抓紧落实"的指示;

2008 年 2 月,科技部组织创新方法专家讨论《关于加强创新方法工作的若干意见》草稿;

2008 年 4 月 28 日,四部委联合发布"〔2008〕197 号"文件《关于加强创新方法工作的若干意见》;

2008 年 11 月 28 日,成立了国家级"创新方法研究会"。

2008年,国家科技部、发展改革委、教育部、中国科协联合发布了《关于加强创新方法工作的若干意见》,明确了创新方法工作的指导思想、工作思路、重点任务及其保障措施等。截至目前,全国已分批在几乎所有省(区、市)开展了以TRIZ理论体系为主的创新方法的推广应用工作。

党的十七大明确提出,提高自主创新能力,建设创新型国家是国家发展战略的核心,是提高综合国力的关键。"自主创新,方法先行",创新方法是自主创新的根本之源。我们要解放思想、转变观念,将创新方法作为一项长期性、战略性工作来抓,切实从源头上提升自主创新能力、推进创新型国家建设。

5.1.2 TRIZ未来的发展

TRIZ的面世并不意味着发明创新理论的终结与完成,相反,它可以指导人们发现新原理,总结新知识,使TRIZ本身随着科学技术的发展和社会的进步而不断完善。TRIZ今后的研究和应用方向主要有两个:一是TRIZ本身的不断完善;二是进一步拓展TRIZ的应用领域。

1. TRIZ的核心思想

阿奇舒勒发现:技术系统进化过程不是随机的,而是有客观规律可以遵循的,这种规律在不同领域反复出现。TRIZ的核心思想是:

① 在解决发明问题的实践中,人们遇到的各种矛盾以及相应的结局方案总是重复出现的。

② 用来彻底而不是折中解决技术矛盾的创新原理与方法,其数量并不多,一般科技人员都可以学习、掌握。

③ 解决本领域技术问题的最有效的原理与方法,往往来自于其他领域的科学知识。

阿奇舒勒发现,"真正的"发明专利往往都需要解决隐藏在问题当中的矛盾。于是,阿奇舒勒提出:是否出现矛盾,是区分常规问题与发明问题的一个主要特征。发明问题指必须要至少解决一个矛盾(技术矛盾或物理矛盾)的问题。

由于TRIZ来源于对高水平发明专利的分析,因此通常人们认为,TRIZ更适用于解决技术领域里的发明问题。目前,TRIZ已逐渐由原来擅长的工程技术领域,向自然科学、社会科学、管理科学、生物科学等多个领域逐渐渗透,尝试解决这些领域遇到的问题。据统计,应用TRIZ的理论与方法,可以增加80%~100%的专利数量并提高专利质量;可以提高60%~70%的新产品开发效率;可以缩短产品上市50%的时间。

2. TRIZ未来的发展趋势

TRIZ未来的发展趋势主要体现在以下几个方面:

① TRIZ是前人知识的总结和升华,受到了一定的时代限制,如何适应新的时代要求,把它的内容和体系进一步完善,使其逐步从成长期过渡到成熟期一直是人们关注的焦点和研究的主要方向之一,如果把阿奇舒勒的所有理论成就定义为经典TRIZ,那么

在阿奇舒勒去世后，TRIZ 已经派生出了不同的流派与分支，呈现出"百花齐放""百家争鸣"的局面。

② 进一步探讨和拓展 TRIZ 的理论内涵，尤其是把信息技术、生命技术及社会科学等方面的原理和方法融入 TRIZ 中。

③ 将 TRIZ 与其他一些新兴理论有机地结合在一起，从而让 TRIZ 指导发明创新的能力变得更加强大。

④ 全面拓展 TRIZ 的应用范围，从工程领域拓展到其他领域，使人们能够利用 TRIZ 去解决更广泛领域内的各种矛盾和发明问题，使 TRIZ 的受益面更广。

⑤ 要把利用 TRIZ 解决实际问题的实践和方法进一步软件化和工具化，尽快开发出适合更广阔领域、满足各种不同专业用途的系列化软件。

⑥ 在中国推广以 TRIZ 为核心的创新方法，还要涉及 TRIZ 本土化的问题。与电灯、汽车、计算机、微积分和进化论等科学技术一样，TRIZ 是"舶来品"，如何让其适合中国的国情根植于中国文化，在中国发扬光大，是研究与推广创新方法的重要任务之一。

⑦ TRIZ 主要解决设计中如何做（How）的问题，但对设计中做什么（What）的问题未能给出合适的方法，大量的工程实例表明，TRIZ 的出发点是借助于经验发现设计中的矛盾，矛盾发现的过程是通过对问题的定性描述来完成的。其他的设计理论，特别是质量功能展开法（Quality Function Development，QFD）恰恰能解决做什么的问题。所以将两者有机地结合起来，发挥各自的优势，将更有助于产品创新。但是 TRIZ 与 QFD 法都未给出具体的参数设计方法，稳健设计则特别适合于详细设计阶段的参数设计，将 TRIZ、QFD 和稳健设计集成，能形成从产品定义、概念设计到详细设计的强有力支撑工具。因此，三者的有机集成已成为设计领域的重要研究方向。

相对于传统的创新方法，基于 TRIZ 的计算机辅助创新技术的出现，使 TRIZ 的应用得到全新发展。传统的创新方法大多停留在对创新的外围认识和创新技法技巧水平上，多是从心理因素方面尽可能激发个人的创造性思维能力，而没有转化为真正的问题解决方法。它们在一定程度上显得比较抽象，可操作性差，创新效率比较低，无法面对当前各种各样的大量技术难题的解决和创新需求，而 TRIZ 则成功地揭示了创造发明的内在规律和原理。相对于传统的创新方法，它着力澄清和强调系统中存在的矛盾，其目标是完全解决矛盾，而不是采取折中或者妥协的做法。而且，TRIZ 基于产品技术的发展演化规律，研究的是整个设计与开发过程，而不是随机的行为。尤其是它采用了科学的问题求解方法，将特殊的问题归结为 TRIZ 的一般性问题，应用 TRIZ 寻求标准解法，在此基础上演绎形成初始问题的具体解决方案，充分体现了科学的问题、求解思想和技术特征。

5.2 TRIZ 的体系结构

阿奇舒勒认为,发明创造问题的基本规律和原理是客观存在的,大量的发明创造和技术创新过程中的内在矛盾和基本问题是相同的,只是所涉及的领域不同,将发明创造问题解决办法和知识进行提炼和汇总,就逐步形成了系统化的 TRIZ 理论体系。TRIZ 理论体系较为庞大,包含着众多系统的、具有可操作性的创造性思维方法和发明问题的解决方法,而且还在不断发展和完善中,见图 5-4。

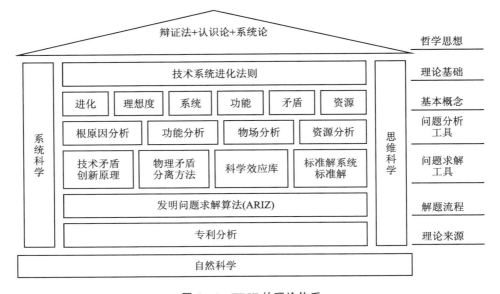

图 5-4 TRIZ 的理论体系

TRIZ 的理论体系庞大,包括了诸多内容,本节将从两个方面对其进行介绍,一方面是 TRIZ 的基本理论体系;另一方面是 TRIZ 的解题工具体系。我们先来介绍一下 TRIZ 的基本理论体系。在后面的章节中,比较详细地介绍了 TRIZ 的各种解题工具和解题方法。如图 5-4 中,以一种"静态"的方式,比较详细和形象地展示了 TRIZ 的基本理论体系框架。重点说明了 TRIZ 的内容和层次。如果用发展的眼光,从方法学的角度来分析,TRIZ 的基本理论体系构成还有很多需要完善之处,尽管如此,它仍不失为一个比较完整的理论体系,这个体系包括:

- 以辩证法系统论认识论为理论指导;
- 以自然科学系统科学和思维科学为科学支撑;
- 以技术系统,进化法则作为理论主干;
- 以技术系统/技术过程、矛盾、资源、理想化最终结果为基本概念;
- 已解决工程技术问题和复杂发明问题所需的各种问题分析工具、问题求解工具和解题流程为操作工具。

经过60多年的不断发展,这一方法学体系在实践中逐渐丰富完善,已取得良好的应用成果和巨大的经济效益。

1. 技术系统进化法则

技术系统进化法则是技术系统为提高自身有用功能,从一种状态过渡到另一种状态时,系统内部之间、系统组件与外界环境之间本质关系的体现,即技术系统与生物系统一样,也有一个进化发展的过程,并且这个进化发展过程具有一定的规律性,这些技术系统进化发展的规律就是技术系统进化法则。

TRIZ理论的技术系统进化法则包括:
- 技术系统完备性法则;
- 技术系统能量传递法则;
- 提高理想度法则;
- S曲线法则;
- 矛盾产生及克服法则;
- 子系统不均衡进化法则;
- 协调-失调性进化法则;
- 提高动态性和可控性进化法则;
- 向微观级进化法则;
- 向超系统进化法则。

上述每条进化法则又包含不同数目的具体计划、路线和模式。其中,S曲线法则又称为生命曲线法则。S曲线按时间描述了一个技术系统的完整生命周期,所以可以认为是技术系统成熟度的预测曲线。一个技术系统的进化过程经历四个阶段:婴儿期、成长期、成熟期和衰退期,每个阶段会呈现出不同的特点。

这些进化法则可以用来解决技术难题,预测技术系统、产生创造性问题的解决工具,主要应用于定性技术预测、技术革新、专利布局和制定企业战略等,可以指导人们在设计过程中沿着正确的方向寻找问题的解决方案。

2. 矛盾解决原理

矛盾是普遍存在的,矛盾也同样存在于各种产品或技术系统中。例如,在提高产品的某种性能时,需要改变其中的某一部件,而这一改变可能对产品的其他性能带来不利影响,这样提高产品性能的技术矛盾就出现了,人们往往会按照这种办法来加以处理,但折中法只能降低矛盾的程度,不能彻底解决系统中的矛盾。在TRIZ研究中,阿奇舒勒及其同事们查阅了世界各国的大量专利,并从中挑选了那些成功地解决了矛盾的专利进行研究。TRIZ理论提出用39个工程参数来描述技术矛盾,将组成矛盾双方的性能用39个工程参数来表示,将实际工程技术中的矛盾转化为一般的标准技术矛盾,根据对矛盾出现和解决的分析,阿奇舒勒总结出了40个发明原理,这40个发明原理是解决技术矛盾的独特工具,每一个解决方案都是一个有针对性的指导建议,可以使系统产生特定的变化，以消除存在的技术矛盾冲突。物理矛盾是技术系统中一种常见的、烦人的、更难以解决的矛盾。例如，同样一块菜地，在同一时间既要全部种白菜，又要全部种萝卜，这就会让人们感到左右为难。解决物理矛盾的核心思想是实现矛盾双方的分离。分离原理是阿奇舒勒针对物理矛盾的解决而提出的，归纳概括为4大分离原理，分别是空间分离、时间分离、条件分离和系统级别分离。

3. 物-场模型分析

阿奇舒勒认为，每一个技术系统都可由许多功能不同的子系统组成，因此每一个系统都有它的子系统，而每个子系统都可以再进一步细分，直到分子、原子、质子与电子等微观层次。无论大系统、子系统还是微观层次，都具有功能，所有功能都可分解为两种物质和一种场。在物质场模型的定义汇总中，物质是指某种物理或过程，可以是整个系统，也可以是系统内的子系统或单个物理甚至是整个环境，取决于实际情况；场是指完成某种功能所需的手法或手段，通常是一些能量形式，如磁场、重力场、电能、热能、化学能、机械能、声能、光能等。物场模型分析是TRIZ理论中的一种分析工具，主要用于建立与已存在的系统或新技术系统的问题相联系的功能模型。

4. 发明问题标准解法

发明问题标准解法是阿奇舒勒于1985年创立的，共有76个，分成五级，各级中解法的先后顺序也反映了技术系统必然的进化过程和进化方向，标准解法可以将标准问题在一两步中快速进行解决。标准解法是阿奇舒勒后期进行TRIZ理论研究的最重要的课题，同时也是TRIZ高级理论的精华。标准解法也是解决非标准问题的基础，非标准问题主要应用ARIZ进行解决，而ARIZ的主要思路是将非标准问题通过各种方法进行变化，转化为标准问题，然后应用标准解法来获得解决方案。

5. 发明问题解决算法

发明问题解决算法（ARIZ）是发明问题解决过程中应遵循的理论方法和步骤，ARIZ是基于技术系统进化法则的一套完整问题解决的程序，是针对非标准问题而提出的一套解决算法。ARIZ的理论基础由以下三条原则构成：ARIZ是通过确定和解决引起问题的技术矛盾；问题解决者一旦采用了ARIZ来解决问题，其惯性思维因素必须被加以控制；ARIZ也是不断获得广泛的、最新的知识基础的支持。ARIZ最初由阿奇舒勒于1977年提出，随后经过多次完善才形成比较完善的理论体系，ARIZ-85包括九大步骤：分析问题；分析问题模型；陈述IFR和物理矛盾；动用物-场资源；应用知识库；转化或替代问题；分析解决物理矛盾的方法；利用解法概念；分析问题解决的过程。

6. 科学效应和现象知识库

TRIZ理论中的科学效应和现象知识库是一种基于物理、化学、几何学等工程学知识的解决问题的工具，为相关领域的发明创造和技术创新提供丰富的方案来源，对发明问题的解决有着巨大的作用。迄今为止，人类发明和正在应用的任何一个技术系统都必须依赖于人类已经发现或尚未被证明的科学原理，因此，最基础的科学效应和科学现象是人类创造发明的不竭源泉。阿基米德定律、伦琴射线、超导现象、电磁感应、法拉第效应等都早已经成为我们日常生产和生活中各种工具和产品所采用的技术和理论。科学原理,尤其是科学效应和现象的应用,对发明问题的解决具有超乎想象的、强有力的帮助。

5.3 发明问题等级划分

在人类进化发展的历史长河中,无数的先贤们创造性地推动了人类社会的发展。今天,当回顾历史的时候,我们往往只注意到那些给人类社会发展带来巨大影响的发明创造,例如:制陶技术为人类提供了最早的人造容器;冶炼技术为人类提供了最早的金属制品——青铜器;十进位计数法为科学的发展奠定了基础;造纸术对人类文化的传播产生了广泛、久远的影响;指南针对航海产生了深远的影响;火药改变了整个世界事物的面貌和状态等。但很少人会注意到那些对已有事物进行的修修补补式的小发明、小创造。而正是由于这些小发明、小创造,才有了我们现在所看到的各种各样功能相对完善、结构相对简单的生产工具和生活用品。所以,伟大的发明给社会的发展提供了巨大的推动力,但是那些看似小得多的发明创造却是伟大发明的基础,只有在无数小发明、小创造的推动下,伟大的发明才得以出现,并逐步趋于完善。

5.3.1 发明的创新水平

在 18 世纪,为了鼓励、保护、利用发明与创新成果,以促进产业发展,各个国家纷纷制定了专利法。

在阿奇舒勒开始对大量专利进行分析、研究之初,他就遇到了一个无法回避的问题:如何评价一个专利的创新水平?

我们都知道,一项技术成果之所以能通过专利审查,获得专利证书,必定有其独到之处。但是,在众多的专利当中,有的专利只是在现有技术系统的基础上进行了很小的改变,改善了现有技术系统的某个性能指标;而有的专利则是提出了一种以前根本不存在的技术系统。显然,这两种专利在创新水平上是有差别的,但是如何制定一个相对客观的标准来评价它们在创新水平上的差异呢?

从法律的角度来看,专利的定义会随着时间的变化而改变。即使在同一历史时期,不同国家对专利的定义也有所差异。专利的作用就是准确地确定一个边界,只有在这个范围之内,用法律的形式对技术领域的创新进行经济利益的保护才是有意义的。但是,从技术的角度来看,判断一个产品或一项技术是否具有创新性,其创新的程度有多高,更重要的是要识别出该产品或技术创新的核心是什么,这个本质从来没有变过。

从技术角度来说,一项创新通常表明完全或部分地克服了一个技术矛盾。克服技术系统中存在的矛盾,一直是创新的主要特征之一。

弗·恩格斯在《步枪史》一文中,详细介绍了步枪的进化历史,并介绍了步枪进化过程中所克服的种种技术矛盾。其中最主要的技术矛盾之一就是"灵便而迅速地装弹"与

"射程和射击精度"之间的矛盾,如下面例题所述。

【例1】 美国 M1841 密西西比步枪(前膛枪)

到目前为止我们所谈的步枪都是前装枪(见图 5-5)。然而,在很早以前就有了许多种后装火器。后装火炮比前装火炮出现得早。在最古老的军械库中有二三百年前的带活动尾部的长枪和手枪,它们的装药从枪尾部填放,而不用探条从枪口装填。但这种枪面临的一个很大的困难是怎样连接活动的枪尾部和枪管,使它既便于开关,又连接得很牢固,能承受火药爆炸的压力。在当时技术不够发达的情况下,这两个要求不可能兼顾——或者是连接枪尾部和枪管的装置不够坚固耐用,或者是开关的过程非常慢——这是毫不奇怪的。

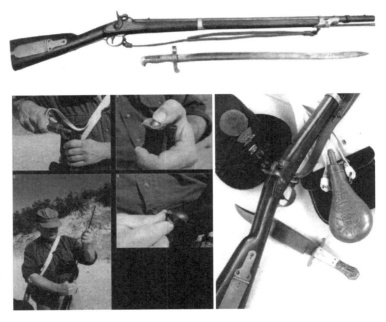

M1841 步枪装弹过程:① 从膛口倒入适量的黑火药;② 将用布条包裹的弹丸放入膛口;
③ 用推弹杆将弹丸从枪管中推入弹膛;④ 盖上底火窝,就可以进行射击了

图 5-5 1814 年,美国 M1841 密西西比步枪(前膛枪)

于是后装武器被弃置不用(因为前装的动作要迅速得多),探条占着统治地位,这也是毫不奇怪的。到了现代,军人和军械师都想设计一种火器,它既能像旧式火枪那样灵便而迅速地装弹,又具有步枪那样的射程和射击精度;这时后装方法自然又受到了重视。只要枪尾部有合适的连接装置,一切困难就都能克服了。

从以上的论述中我们可以看出,对于前装枪来说,要想灵便而迅速地装弹,就需要缩短枪管的长度。但是,射程和射击精度是与枪管长度密切相关的,缩短枪管的长度将会降低射程和射击精度。于是,"灵便而迅速地装弹"与"射程和射击精度"之间就构成了一对技术矛盾。而采用后装方法就可以很好地解决这个矛盾,在实现不缩短枪管长度的前提下,实现"灵便而迅速地装弹"。

5.3.2 发明问题等级划分的方法与 TRIZ 的适用范围

对于大多数人来说,创新、革新、发明、创造、发现等词汇在概念上的含义是不同的,这些概念目前缺乏统一的、公认的定义。阿奇舒勒聪明地回避了对创新、革新、发明、创造、发现等词汇在概念内涵上的争议,他认为,不要陷入在名词定义的争议中而浪费时间,可以使用发明级别而把上述不同的概念最大程度地统一起来,以发明级别来评估创新,所有最终能转变成生产力的发明都可以划归创新的范畴。这种划分方式未必是最科学的分类方式,但是其好处是让人们把关注的焦点放在如何利用创新的方法和规律来实现以上各种级别的发明创新上。

1. 发明问题等级划分的方法

阿奇舒勒和他的同事们,通过对大量的专利进行分析后发现,各国不同的发明专利内部蕴含的科学知识、技术水平,都存在着很大的差异。以往,在没有分析这些发明专利的具体内容时,很难区分出不同发明专利存在的知识含量、技术水平、应用范围、对人类的贡献大小等问题。明显的结论是:不同级别的发明专利来自不同水平的发明,二者互相对应。因此,把各种不同的发明专利,依据其对科学的贡献程度、技术的应用范围及为社会带来的经济效益等情况,划分一定的等级加以区别,就可以更好地应用和推广这些不同级别的专利。

在 TRIZ 理论中,阿奇舒勒把发明划分为以下五个等级。

(1) 最小发明问题

最小发明问题,是指在本领域范围内正常的设计或对已有系统做的简单改进与仿制,这种工作属于小改小革,这一问题的解决依靠设计人员自身掌握的常识和一般经验就可以完成,例如增加隔热材料以减少建筑物的热量损失,用大型拖车代替普通卡车以实现运输成本的降低,该类发明约占人类发明总数的 32%。

(2) 小型发明问题

小型发明问题,是指在解决一个技术问题时,对现有系统某一个组件进行改进。这一类问题的解决,主要采用本专业内已有的理论、知识和经验。解决这类问题的传统方法是折中法。例如,在气焊枪上增加一个防回火装置,把自行车设计成可折叠的(见图 5-6)等。该类发明大约占人类发明总数的 45%。

(3) 中型发明问题

中型发明问题,是指对已有系统的若干个组件进行改进。这一类问题的解决,需要运用本专业以外,但属于一个学科以内的现有方法和知识。在发明过程中,人们必须解决系统中存在的技术矛盾。例如,在冰箱中用单片机控制温度,在汽车上用自动换挡系统代替机械换挡系统(见图 5-7)等。该类发明约占人类发明总数的 18%。

(4) 大型发明问题

大型发明问题,是指必须采用全新的原理,以完成对现有系统基本功能的创新。这一类问题的解决需要多学科知识的交叉,主要是从科学底层的角度出发,而不是从工程

图 5-6 可折叠自行车

图 5-7 汽车手动挡与自动挡

技术的角度出发,充分挖掘和利用科学知识、科学原理来实现发明。例如,世界上第一台内燃机车(见图 5-8)的出现、集成电路的发明、充气轮胎等。该类发明约占人类发明总数的 4%。

(5) 重大发明问题

重大发明问题,是指利用最新的科学原理,发明、发现一种全新的系统。这一类问题的解决,主要是依据人们对自然规律或科学原理的新发现。例如,计算机、蒸汽机、激光、晶体管等的首次发明。该类发明约占人类发明总数的 1% 或者更少。

图 5-8 世界上第一台内燃机车"奔驰一号"

发明的等级划分及所属知识领域如表 5-2 所列。

表 5-2 TRIZ 中的发明等级划分及所属知识领域

发明的级别	创新的程度	占人类发明总数的比例/%	知识来源	参考解的数量
一	明确的结果	32	个人的知识	1~10
二	局部的改进	45	行业内的知识	10~100
三	根本的改进	18	跨行业的知识	100~1 000
四	全新的概念	4	跨学科的知识	1 000~10 000
五	重大的发现	<1	最新产生的知识	10 000~1 000 000

2. 发明等级与 TRIZ 的适用范围

TRIZ 源于专利,服务于生成专利(应用 TRIZ 产生的发明结果多数可以申请专利),TRIZ 与专利有着密不可分的渊源。充分领会和认识专利的发明级别,可以让我们更好地学习和领悟 TRIZ 的知识体系。阿奇舒勒认为,一级发明过于简单,不具有参考价值——大量低水平的一级发明也抵不上一项(或少量)高水平的发明;五级发明对于一般科研人来说又过于困难,可遇不可求,也不具有参考价值。他从专利中将属于二级、三级和四级的专利挑出来,进行分析研究,并最终发现、总结出了蕴藏在这些专利背后的规律。

从来源上看,TRIZ 是在分析二级、三级和四级发明专利的基础上归纳总结出来的,因此利用 TRIZ 可以解决一级到四级的发明问题,但是对于五级发明问题来说,是无法利用 TRIZ 来解决的,这是 TRIZ 自身的一个局限性。

针对 TRIZ 的能力问题,阿奇舒勒曾经明确表示,利用 TRIZ 方法可以帮助发明者将其发明水平从一级、二级提高到三级或四级水平。同时,阿奇舒勒还发现,真正的发明专利往往都需要解决隐藏在问题当中的矛盾,于是阿奇舒勒提出,是否出现矛盾是区分常规问题与发明问题的一个主要特征,发明问题指必须要至少解决一个矛盾(技术矛盾或物理矛盾)的问题。

由于TRIZ的来源是对高水平发明专利的分析,因此,通常人们认为TRIZ更适用于解决技术领域里的发明问题,技术领域是一个非常宽泛的领域,是产生高水平发明专利的沃土。

TRIZ是兼具研究技术规律和思维问题的创新方法,目的是促进高水平专利的产出。研究TRIZ的一个基本观点是:技术规律和思维活动结合得越好,对创新型人才的培养就越到位,产生创新的结果就越顺利,获得的发明级别也就有可能越高。

5.3.3 发明问题等级划分的意义

在发明的五个级别中,第一级发明其实谈不上创新,它只是对现有系统的改善,并没有解决技术系统中的任何矛盾;第二级和第三级发明解决了矛盾,可以看作是创新;第四级发明也改善了一个技术系统,但并不是解决现有的技术问题,而是用某种新技术代替原有技术来解决问题;第五级发明是利用科学领域发现的新原理、新现象,推动现有技术系统达到一个更高的水平。

阿奇舒勒认为:如果问题中没有包含技术矛盾,那么这个问题就不是发明问题,或者说不是TRIZ问题。这就是判定一个问题是不是发明问题的标准。需要注意的是,第四级发明是利用以前在本领域中没有使用过的原理来实现原有技术系统的主要功能,属于突破性的解决方法。

"发明级别"对发明的水平、获得发明所需要的知识以及发明创造的难易程度等有了一个量化的概念。发明的级别越高,完成该发明时所需的知识和资源就越多,这些知识和资源所涉及的领域就越宽,搜索所用知识和资源的时间就越多,因此就要投入更多、更大的研发力量。随着社会的发展、人类的进步、科技水平的提高,已有"发明级别"也会随时间的变化而不断降低。因此,原来级别较高的发明,逐渐变成人们熟悉和容易掌握的东西。而新的社会需求又不断促使人们去做更多的发明,生成更多的专利。对于某种核心技术,人们按照一定的方法论对该核心技术的所有专利按照年份、发明级别和数量做出分析以后,可以描绘出该核心技术的"S曲线"。S曲线对于产品研发和技术的预测有着重要的指导意义。统计表明,一、二、三级发明占了人类发明总量的95%,这些发明仅仅是利用了人类已有的、跨专业的知识体系。由此,也可以得出一个推论,即人们所面临的95%的问题,都可以利用已有的某学科内的知识体系来解决。四、五级发明约只占人类发明总量的5%,却利用了整个社会的、跨学科领域的新知识。因此,跨学科领域的知识获取是非常有意义的工作。当人们遇到技术难题时,不仅要在本专业内寻找答案,也应当向专业外拓展,寻找其他行业和学科领域已有的、更为理想的解决方案,以求获得事半功倍的效果。人们从事创新,尤其是进行重大的发明时,就要充分挖掘和利用专业外的资源,正所谓"创新设计所依据的科学原理往往属于其他领域"。

TRIZ源于专利,服务于生成专利(应用TRIZ产生的发明结果多数可以申请专利),TRIZ与专利有着密不可分的渊源。充分领会和认识专利的发明级别,可以让我们更好地学习和领悟TRIZ的知识体系。

5.4 TRIZ的应用

任何一项理论要想得到广泛应用,首先取决于人们对其认知和普及程度。首先来看TRIZ在它的诞生地的情况。苏联对于创造力教育一直高度重视,从20世纪70年代起,不仅成立了发明家的组织,还建立了世界上第一批发明学校。在这些组织和学校里,人们可以学习和实践解决发明问题的技术,并使他们能够付诸实践。在苏联一些重要的科研机构和工程单位中,一度要求"每7个工程技术人员中有1个TRIZ工程师"。

在苏联的80座城市里,大约有100所这样的学校,在培养着大量的创新人才。每年都有几千名科学工作者、工程师和学生,在这些学校里研究和学习TRIZ。因为学生在发明学校里的学习成绩,是以完成达到各级发明水平的毕业论文作为考核标准的,因而,在这里每年都能得到几百项发明的"产品"。在这些学校中,最著名的是阿奇舒勒于1970年在阿塞拜疆的巴库市设立的青年发明家学校,该学校在1971年改成了阿塞拜疆发明创新社会学院,是世界上第一个TRIZ学习中心。该学院的任务是:训练学生具备解决各种发明性课题的能力,培养具有各种发明才能的人才。之后,在很多的城市设立了发明创新学校、科技创新社会学院,这样的学校在20世纪80年代的时候,超过了500所。事实上,在苏联及东欧国家,不少的科学家普遍采用TRIZ作为发明的工具。另外,不仅在大学理工科的教学中,甚至在中、小学阶段也采用TRIZ来对学生进行创新教育。

TRIZ不仅在苏联得到广泛的应用,在美国的很多企业,特别是大企业,如波音、通用、克莱斯勒、摩托罗拉等公司。TRIZ在新产品开发中也得到了全面的应用,取得了可观的经济效益。TRIZ普遍应用的结果不仅提高了发明的成功率,缩短了发明的周期,还使发明问题具有可预见性。

目前,TRIZ已逐渐由原来擅长的工程技术领域,像自然科学、社会科学、管理科学、生物科学等多个领域逐渐渗透,尝试解决这些领域遇到的问题。

调查资料显示,TRIZ现已在欧美和亚洲发达国家和地区的企业,得到广泛的应用,大大提高了创新的效率。据统计,采用TRIZ的理论与方法,可以增加80%~100%的专利数量,并提高专利质量;可以提高60%~70%的新产品开发效率;可以缩短50%的产品上市时间。

福特汽车公司曾遇到过这样一个难题:汽车的推力轴承在大负荷时,会出现偏移,运用TRIZ得到了28个问题的解决方案,其中一个非常吸引人的解决方案是:利用低热膨胀系数的材料制造轴承,可以很好地解决推力轴承在大负荷时出现偏移的问题。1999年,克莱斯勒汽车公司应用TRIZ,解决了企业生产过程中遇到的技术矛盾。仅就经济效益而言,该公司就获利1.5亿美元。自20世纪90年代中期以来,美国供应商协会(ASI)一直致力于把 TRIZ、QFD(质量功能展开)方法及和田法一起推荐给世界五百强企业。2001 年,波音公司邀请 25 名苏联 TRIZ 专家,对波音 450 名工程师进行了两个星期的培训和讨论,结合波音 767 机型改装成空中加油机的实际研发课题,利用 TRIZ 思想作为指导,获得了重要的技术创新启示,取得了关键性技术的突破,大大缩短了研发周期。由此,波音公司在投标中战胜空中客车公司,获得了 15 亿美元的空中加油机订单。2003 年,当"非典型肺炎"肆虐中国及全球许多国家时,新加坡的研究人员利用 TRIZ 的发明原理,提出了预防、检测和治疗"非典型肺炎"的一系列创新型方法和措施,其中不少措施被新加坡政府实际采用,收到了非常好的防治效果。2005 年,中兴通讯公司与亿维讯公司合作,对来自研发一线的 25 名技术骨干进行了为期 5 周的 TRIZ 理论与方法学培训,结果在 21 个技术项目中取得了突破性进展,8 个项目已申请相关专利。中兴通讯公司总裁质量顾问、知名质量管理专家何国伟评价道:"我认为一次培训 25 位学员,有 21 个创新方案,其中能实现改进的估计在 60%~70% 是很成功的。"

特别值得一提的是韩国的三星公司,它是世界范围内利用 TRIZ 取得成功的最为典型的企业之一。1998 年,三星公司首席执行官尹钟龙制定了具有战略意义的价值创新计划,并在距首尔 20 英里的水原市建立了三星公司的 VIP(Value Innovation Program)中心,其目的是"为顾客创造新价值,降低研发成本"。而实现这一战略目标的核心技术就是 TRIZ。

三星公司引入 TRIZ 主要用于解决以下四个方面的问题:解决三星专家无法解决的技术问题;对三星公司的产品进行进化预测;进行专利对抗,即建立专利保护,以及设法绕过竞争对手申请专利;构建创新的企业文化,指导三星公司研发人员将 TRIZ 思维方式、方法及工具应用于日常研发工作中。三星公司在下属多个集团公司进行了技术创新理论培训与推广,推行 TRIZ 的领域涉及三星公司的预研部门、先进技术研究院、微电子家用电器生产企业及微电子设备生产企业、显示器生产企业、机械工具与装备企业、玻璃和塑胶产品企业等核心层企业。1998—2002 年,三星公司共获得了美国工业设计协会颁发的 17 项工业设计奖,连续五年成为获奖最多的公司。2003 年,三星电子在 67 个开发项目中使用了 TRIZ,为三星电子节约了 1.5 亿美元,并产生了 52 项专利技术。2004 年以 1 604 项发明专利超过英特尔,名列第六位,领先于竞争对手日本的日立、索尼、东芝和富士通公司。三星公司首席执行官尹钟龙表示,要在 2005 年和 2006 年分别注册 2 000 多件专利技术(以申请美国专利为准)进入世界前五大专利企业排行榜,并于 2007 年进入前三位。三星公司从技术引进到技术创新的成功之路,给渴望在经济全球化竞争中占有一席之地的中国企业提供了很多有益的、可借鉴的启示。

这样的例子举不胜举,目前 TRIZ 被认为是可以帮助人们挖掘和开发自己的创造潜能、最全面系统地论述发明和实现技术创新的新理论,被欧美等国的专家认为是"超级发明术"。一些创造学专家甚至认为:阿奇舒勒所创建的 TRIZ,是发明了"发明与创新"的方法,是 20 世纪最伟大的发明。

习题：

(1) 创新方法的内涵及特征是什么？
(2) 简述什么是 TRIZ。
(3) TRIZ 的主要内容包括哪几个方面？
(4) 发明级别划分为哪几个等级？
(5) TRIZ 体系结构由哪几部分组成？
(6) TRIZ 的未来发展有哪几个方向？
(7) 与传统创新方法相比，TRIZ 有哪些优势？

第6章 40个发明原理

40个发明原理是TRIZ理论中的一个重要的解决问题的工具,应用时既可以作为一个独立的解决问题的工具来运用,也可以结合其他TRIZ工具来运用,如后面介绍的技术矛盾与物理矛盾。

6.1 发明原理概述

在经典TRIZ理论形成阶段,阿奇舒勒在接触大量专利的过程中注意到了一个现象:只有少数的专利才是真正的创新,在不同领域,相同的问题和相同的解决方法总是会反复出现。此外,阿奇舒勒还注意到了另一个现象:在某个领域最近才获得解决的问题当中,其实有九成都已经在其他领域得到了解决。虽然每个专利所解决的问题是不一样的,但解决这些问题所使用的原理是基本类似的。尽管在不同领域里解决问题的方式千差万别,但其都选用了相似的基本原理。所以阿奇舒勒最终提出了"解决问题的通用流程"。阿奇舒勒针对典型矛盾的典型解决方案进行归纳总结发现,世界上数不胜数的"具体的解决方法"都可以归结到40个普遍性原理当中。这40个普遍性原理被称为40个发明原理。表6-1所列为40个发明原理的序号和内容。序号和发明原理的内容是一一对应的,顺序是固定的。

表6-1 40个发明原理

序 号	原理名称	序 号	原理名称	序 号	原理名称	序 号	原理名称
No.1	分割	No.11	预补偿	No.21	紧急行动	No.31	多孔材料
No.2	分离	No.12	等势性	No.22	变害为利	No.32	改变颜色
No.3	局部质量	No.13	反向	No.23	反馈	No.33	同质性
No.4	不对称	No.14	曲面化	No.24	中介物	No.34	抛弃与修复
No.5	组合	No.15	动态化	No.25	自服务	No.35	参数变化
No.6	多用性	No.16	未达到或过度作用	No.26	复制	No.36	相变
No.7	嵌套	No.17	维数变化	No.27	廉价品替代	No.37	热膨胀
No.8	重量补偿	No.18	机械振动	No.28	机械系统替代	No.38	加速强氧化
No.9	预先反作用	No.19	周期性动作	No.29	气压和液压结构	No.39	惰性环境
No.10	预先作用	No.20	有效作用的连续性	No.30	柔性壳体或薄膜	No.40	复合材料

这些原理就是解决问题的通用流程,是从一个个具体问题的解决方法中提炼出来的。也就是说,就是这些少数的原理,被一次又一次地重复使用来产生大量的发明。阿奇舒勒认为发明问题的原理一定是客观存在的,如果掌握了这些原理,就可将其应用到各个行业中。如果跨领域间的技术能够更加充分地借鉴,就可以更容易地开发出创新的技术。如果掌握这些客观规律,就可以跨越领域、行业的局限,提高发明的效率,缩短发明的周期,使解决发明问题更具有可预见性。

6.2 40个发明原理详解

40个发明原理可代表40个解决矛盾问题的基本思路,每一个发明原理之下包含若干子发明指导原则。下面将40个发明原理结合案例逐一解释。

1. 原理1 分割原理

分割原理是指以虚拟方式或实物方式将一个系统分成若干部分,以便分解或合并成一种有益或有害的系统属性,也称为切割法。其子指导原则为:

① 将物体分成相互独立的部分。
- 用个人计算机代替大型计算机;
- 将冰箱分成冷冻、冷藏、保鲜几个功能不同的抽屉;
- 大货车的车头与车厢可分离代替一体式货车。

② 将一个物体分成容易组装和拆卸的部分。
- 组合式活动房子;
- 总装车间的总装生产线;
- 管道的可快速拆卸连接。

③ 增加物体的可分性。
- 用百叶窗代替整体窗帘;
- 武器中的子母弹;
- 将整个水龙头分割成左右移动的水龙头。

注意:对分割的系统在物理形式或概念形式上进行分析和评价。分割原理不仅适用于几何概念上的分割,也可用于非实体领域,如心理学上对概念的分割及合并。

【例6.1】 最长的火车

火车被分割为多个车厢,可以根据不同时间段的需要配置车厢数量,如图6-1所示。

2. 原理2 分离原理

分离原理也称为抽取法,是指以虚拟方式或实物方式,从整个系统中分离出系统的

图 6-1 最长的火车

有用部分(或属性)或有害部分(或属性)。其子指导原则为:

① 从物体中抽出产生负面影响的部分或属性。
- 将嘈杂的压缩机放在室外以减少噪声;
- 在冰箱内选用可更换的除味剂;
- 在医学上通过透析治疗排出毒素物质。

② 从物体中仅抽出必要的部分或属性。
- 手机中的 SIM 卡;
- 在成分献血中只采集血液中的血小板;
- 使用狂吠的狗的声音作为防盗报警器。

注意:分离原理与分割原理非常相似,但二者之间的差别很大。虽然两种原理均是将整个系统分为若干部分,但分离原理是将一个或多个部分去除,而分割原理在整体分为部分后都保留使用。

【例 6.2】 避雷针

避雷针是用来保护建筑物、高大树木等避免雷击的装置。在被保护物顶端安装一根接闪器,用符合规格的导线与埋在地下的泄流地网连接起来,如图 6-2 所示。

3. 原理3 局部质量原理

局部质量原理也称为局部质量改善法,是指在某一特定区域内(局部的)改变某事物(气体、液体或固体)的特性,以便获得某种所需的功能特性。其子指导原则为:

① 将物体、外部环境或作用的均匀结构

图 6-2 避雷针

改变为不均匀结构。
- 对材料表面进行热处理、涂层、自清洁等处理,以改善其表面质量;
- 增加建筑物下面墙的厚度使其承受更大的负载;
- 在鞋子的头部加了钢板以增加使用寿命的劳保鞋。

② 物体的不同部分应当具有不同的功能。
- 计算机键盘;
- 带有橡皮的铅笔;
- 带有起钉器的榔头。

③ 使物体的各部分处于完成其功能的最佳状态。
- 菜刀的刀身和刀刃采用不同的材质;
- 带灯光的钥匙扣;
- 饭盒中设置不同的间隔区来分别存放热、冷食物和汤。

注意:通过改变不同特征在不同地方、不同时刻的相互作用,可获得最优的功能。应用此原理代表一种特征在特定的位置或特定的时刻,其构造是不均匀的或最优的。

【例 6.3】 手铐

用手铐铐住手腕部分,就不必控制整个身体了,如图 6-3 所示。

4. 原理 4 不对称原理

不对称原理也称为非对称法,是指涉及从各向同性到各向异性的转换,或是与之相反的过程。各向同性是指在对象的任一部位,沿任一方向进行测量都是对称的。而各向异性恰好相反,即在对象的不同部位或沿不同方向进行测量,所得结果是不同的。其子指导原则为:

图 6-3 手 铐

① 用非对称性代替对称性。
- 全车线束中的插接件为非对称形式,目的是防止安装或使用中出错;
- 计算机接插件;
- 非对称容器或者对称容器的非对称搅拌叶片,目的是提高混合效果,如水泥搅拌车。

② 增加不对称物体的不对称程度。
- 将圆形垫片改成椭圆形或异形,用来提高垫片的密封性;
- 将轮胎的外侧强度设计成大于内侧强度,增加其抗冲击能力;
- 底面呈斜面的燃气罐,燃气快用完时,燃气罐会发生倾斜。

注意:此原理可以利用结构的非对称性减少材料用量、降低总重量以达到维持更为高效的物质流、改变平衡方式、高效有效的支持负载、确保正确的装配、零件便于检测及定位、零件便于整理等目的。

【例 6.4】 不对称雨伞

不对称雨伞打破了以往传统雨伞的圆形形状,既可以很好地照顾好背部,又可提高前面的视线条件,如图 6-4 所示。

图 6-4 不对称雨伞

5. 原理 5 组合原理

组合原理也称为组合法,是指在系统的功能、特性或部分间建立一种联系,使其产生一种新的、期望的结果。通过对已有功能进行组合,可以生成新的功能。其子指导原则为:

① 在空间上将其共性部分或相关部分的操作加以组合。
- 集成电路板上的多个电子芯片;
- 将多层玻璃用水粘合在一起,便于加工;
- 通风系统的叶片。

② 在时间上将其共性的部分或相关的操作进行组合。
- 摄像机在拍摄影像时同期录音;
- 安装在电路板上两面的集成电路;
- 同时分析多项血液指标的医疗诊断仪器。

注意:要改善系统的性能及输出结果,可考虑将新材料或新技术引入旧系统中以增强有用功能。

【例 6.5】 蜂房

一个单独的六边形不太稳定,但多个六边形排在一起就会形成十分结实的蜂房结构,如图 6-5 所示。

图 6-5 蜂 房

6. 原理 6　多用性原理

多用性原理也称为一物多用法,是指使一个系统变得更加均质和综合。其子指导原则为:

① 使一个物体具备多项功能。
- 同时具备透明、隔热、透气的窗户;
- 将汽车上小孩安全座椅转化为小孩推车;
- 可做 U 盘使用的 MP3。

② 消除该功能在其他物体内存在的必要性后,进而裁剪其他物体。
- 万用表;
- 多功能刀具;
- 多用机床。

注意:多用性可理解为综合性,将多种功能综合在一种物体上,即可冲裁掉其他物件。在使用多用性原理时可在以下方面考虑:在空间或时间上的特征、作用或状况的均匀性;将对象均匀用于不同目的;将相同对象、作用或特征用于不同目的或不同方式;将相同需求或特征应用于不同对象或作用。

【例 6.6】 烟气报警门铃

烟气报警门铃既可当成门铃使用,又可用作烟气报警,如图 6-6 所示。

7. 原理 7　嵌套原理

嵌套原理也称为套叠法,是指采用一种方法将一个物体放入另一个物体的内部,或让一个对象通过另一个对象的空腔而实现嵌套,即彼此吻合、彼此组合、内部配合等。其子指导原则为:

图 6-6　烟气报警门铃

① 将一个物体嵌入另一个物体中,然后将这两个物体再嵌入第三个物体中,依次类推。

- 俄罗斯套娃;
- 液压起重机的升降机;
- 超市的手推车,嵌套在一起以节省存放空间。

② 让某物体穿过另一物体的空腔。

- 收音机的伸缩天线;
- 汽车安全带卷收器;
- 钓鱼竿;
- 推拉门;
- 裁纸刀。

注意:嵌套原理可考虑在不同方向上进行嵌套以增加系统的功能或价值。嵌套原理的作用一般可用来节省空间、保护对象不受损伤、使某个过程或系统变得轻松。

【例6.7】 文件夹的嵌套结构

文件夹的嵌套结构可以帮助我们管理大量文件,如图6-7所示。

图6-7 文件夹的嵌套结构

8. 原理8 重量补偿原理

重量补偿原理也称为重量补偿或质量补偿法,是指以一种对抗或平衡的方式来减弱或消除某种效应,或纠正某种缺陷,或补偿过程中的损失,从而建立一种均匀分布形式,或增强系统其他部分的功能。其子指导原则为:

① 将一个物体与另一个能提供升力的物体组合,以补偿其重量。

- 用气球携带广告条幅;
- 救生圈;
- 在原木中加入泡沫材料以使之更好地漂浮。

② 通过与环境(利用空气动力、流体动力或其他力等)的相互作用实现物体的重量补偿。

- 飞机机翼的形状使其上部空气压力小于下部压力以产生升力;
- 潜水艇;
- 水下机器人。

注意:重量补偿原理可采用机械方式,利用空气、重力、流体等产生升降或产生补偿作用,从而抵消系统中的非所需作用。

【例 6.8】 轮船吃水线示意图

船舶和救生圈都是利用浮力浮在水面的。测量船的吃水线,可以计算出重量,如图 6-8 所示。

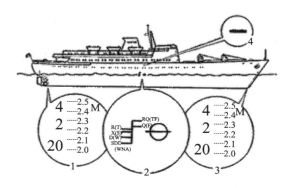

图 6-8 轮船吃水线示意图

9. 原理 9　预先反作用原理

预先反作用原理也称为预加反作用法,是指根据可能出现问题的地方,采取一定的措施来消除、控制或防止某些问题的出现。其子指导原则为:

① 预先施加反作用力,以抵消工作状态下不期望的过大应力。
- 缓冲器能吸收能量、减少冲击带来的负面影响;
- 钉马掌减少马掌与地面接触时造成的磨损;
- 给枕木渗入油脂来阻止腐朽。

② 如果问题定义中,需要某种相互作用,那么事先施加反作用。
- 浇混凝土之前的预压缩钢筋;
- 给畸形的牙戴上牙套;
- 覆盖胶带,保护不被喷涂的部分。

注意:预先反作用原理可用来消除、控制或防止非所需功能、事件或状况的出现。可通过预先了解可能出现问题的因素,并对潜在问题进行模拟,从而预先采取相应措施以消除、控制或防止潜在问题的出现。

【例 6.9】 紧急出口

紧急出口选用自发光材质,即使没有电也可以发光,如图 6-9 所示。

图 6-9 紧急出口

10. 原理 10　预先作用原理

预先作用原理也称为预操作法,是指另一事件发生前,预先执行该作用的全部或一部分。其子指导原则为:

① 预先对物体(全部或部分)施加必要的改变。
- 不干胶带;
- 邮票打孔;
- 电路板预先印刷上锡浆。

② 预先安置物体,使其在必要时能立即在最方便的位置发挥作用。
- 手机预先设置单键拨号功能;
- 停车位的电子计时表;
- 预先充值的公交 IC 卡。

注意:预先作用原理通常是为了提高性能,以及增加安全性、维持正确的作用、减轻疼痛、简化事情的完成过程、增加智力、产生某种优点及使过程简单化,且在某一事件或过程以前施加。

【例 6.10】　模具加工中的预着色

在模具加工过程中,通过预先设置涂漆层对加工零件表面进行着色处理,如图 6-10 所示。

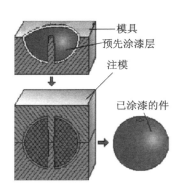

图 6-10　模具加工中的预着色

11. 原理 11　预补偿原理

预补偿原理也称为预防原理、事先防范原理或预先防范法,是指对将要发生的事情,预先做好防范措施,以防止或降低危险的发生。其子指导原则为:

采用事先准备好的应急措施,补偿物体相对较低的可靠性。
- 汽车的安全气囊;

- 通道内的应急照明；
- 建筑内的防火通道；
- 汽车的保险杠；
- 保险丝。

注意：没有任何事物是完全可靠的。任何系统，尤其是复杂的大系统，都可能存在着不可接受的故障。若不能消除这些故障，则须对其进行必要的可靠性预先防范或补偿。同时高故障风险或高故障成本也在考虑范围之内。

【例 6.11】 卡丁车赛道

急转弯处用旧轮胎来做缓冲，以降低事故的发生率，如图 6-11 所示。

图 6-11 卡丁车赛道

12. 原理 12　等势性原理

等势性原理也称为等势法或相对法，是指改变工作状态，以减少物体上升或下降的需要。其子指导原则为：

改变操作条件，以减少物体提升或下降的需要。

- 三峡大坝的船闸；
- 千斤顶；
- 工厂中与操作台同高的传送带；
- 地沟修车。

注意：等势性原理要求在整个过程或系统的所有方面获得相等的位势以最低的能量消耗来实施一个过程；或建立起关联来达到均匀位势的目的；或通过连续的或完全互联的位势使之成为均匀位势。善于依靠环境、结构或系统来提供所需资源以消除不等

位势。

【例 6.12】 三峡大坝的五级船闸示意图

为了保证船只在三峡大坝上正常通行,首先打开一端,船闸里的水位逐渐与外面相等,外面的船就可以开进船闸;然后再把这一端船闸关闭,而后打开另一端的船闸,船闸里的水逐渐与外面相等,船就可以开到另一端,如图 6-12 所示。

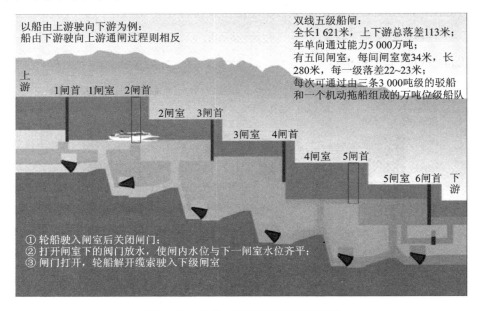

图 6-12 三峡大坝的五级船闸示意图

13. 原理 13 反向原理

反向原理也称反向作用、反向功能或逆向运作法,指施加一种相反(或反向)作用,上下颠倒或内外翻转。其子指导原则为:

① 用相反的动作代替问题定义中所规定的动作。
- 为了松开粘连在一起的物体,不是加热外部件,而是冷却内部件;
- 锅炉冷水管;
- 电生磁,磁生电的物理现象。

② 让物体或环境的可动部分不动,不动部分可动。
- 使工件旋转,刀具固定;
- 健身跑步机;
- 游泳练习池采用流动的水,使练习者在游动的情况下保持其相对位置不动。

③ 物体上下或内外颠倒。
- 通过翻转容器将谷物倒出;

- 把杯子倒置从下边向上喷水进行清洗；
- 装配件翻转倒置以便于安装紧固件。

注意：反向原理可理解为逆向思维的应用。通过设计一种"相反"的方式来制造或执行，避免在以一种特殊方式制造或执行所带来的固有问题及缺陷。

【例 6.13】 向上出水的水龙头

通过让水向上流出，利用重力的作用，帮助人们不用杯子也可以喝到水，如图 6-13 所示。

图 6-13 向上出水的水龙头

14. 原理 14 曲面化原理

曲面化原理也称为曲化法、类球面法，就是应用曲线或球面属性取代线性属性，将线性运动用转动取代，使用滚筒、球或螺旋结构。其子指导原则为：

① 将物体的直线、平面部分用曲线或球面代替，变六面体或立方体结构为球形结构。

- 在结构设计中用圆角过渡，避免应力集中；
- 跑道设计成圆形，不受长度限制；
- 在建筑中采用拱形或圆屋顶来增加强度。

② 使用滚筒、球体、螺旋体结构。

- 螺旋形楼梯、滚筒洗衣机；
- 古代用圆木运输重物；
- 圆珠笔的球状笔尖使得书写流利。

③ 利用向心力将线性运动变为圆周运动。

- 甩干功能洗衣机；

- 旋转门；
- 万向轮。

注意：曲面化原理不仅与几何结构有关，还与表现形式为线性的事物有关。通过寻找线性情况、线性关系，直线、平面及立方体形状，使之改变为非线性状态后可实现新的功能。

【例 6.14】 口红

口红的内部装有螺旋结构，用很小的力就可以在垂直方向做微小调整，如图 6-14 所示。

图 6-14 口 红

15. 原理 15 动态化原理

动态化原理也称为动态特性法，指使系统的状态或属性成为短暂的、临时的、可动的、自适应的、柔性的或可变的。其子指导原则为：

① 调整物体的性质或外部环境，使其在工作的各个阶段都达到最佳效果。
- 可调整座椅、可调整反光镜；
- 机翼在起飞、飞行及降落时的动态变形；
- 形状记忆合金。

② 将一物体分成能够改变相对位置的不同部分。
- 链条；
- 蝴蝶电脑键盘；
- 笔记本电脑的屏幕和键盘可分离。

③ 将非运动物体变为动态的，增加其运动性。
- 胃镜、结肠镜；
- 自动调焦相机；
- 跳舞时能旋转的裙子。

注意：动态化原理关于在可变性、可动性和自适应性方面的应用,经常用来处理在不同时间段的不同需求。为了使系统获得更高的性能,可以使系统变得更动态,使某部分成为可动的、某特征成为柔性的,使系统更具兼容性或可适应性。

【例6.15】 可折叠软键盘

增加键盘的柔性可方便携带,如图6-15所示。

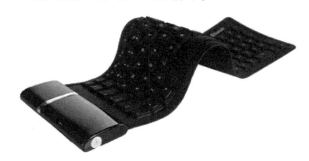

图6-15 可折叠软键盘

16. 原理16 未达到或过度作用原理

未达到或过度作用原理也称为局部作用或过量作用法,指运用"多于"或"少于"所需的某种作用或物质获得最终结果。其子指导原则为:

如果所期望的效果难以100%实现,则稍微超过或稍微小于期望效果,会使问题大大简化。

- 印刷时,喷过多的油墨,然后去掉多余的,可使字迹更清晰;
- 为电参数设计适当的安全余量;
- 浇注用料要适当多出实际铸件的用量;
- 过度剂量的辐射是致命的,但是适当的辐射剂量可减缓恶性肿瘤的生长。

注意：未达到或过度作用原理可从获得最易获得的东西的角度思考,进而在所需的一个或多个方向上进行一次或多次渐进性调整以达成目标。在进行调整时最简单的方法就是使用一种或多种不同形式的能量,能量可来自于机械场、热场、化学场、电场、磁场或电磁场等。

【例6.16】 人工降雨

在人工降雨的过程中,为减少化学试剂的使用,仅向部分的云彩发射试剂即可,如图6-16所示。

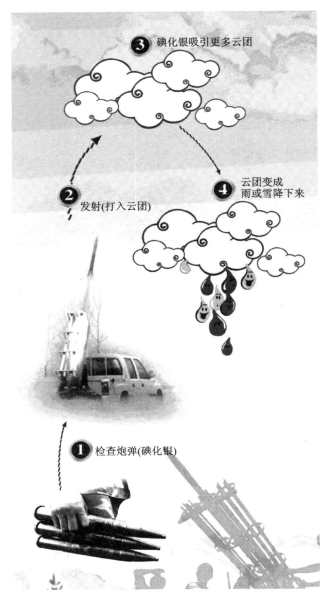

图 6-16 人工降雨

17. 原理 17 维数变化原理

维数变化原理也称为多维法,是指改变线性系统的方位,使其从垂直变成水平、水平变成对角线或水平变成垂直等。其子指导原则为:

① 将物体变为二维(如平面)运动,以克服一维直线运动或定位的困难;或过渡到三维空间运动,以消除物体在二维平面运动或定位的问题。

● 螺旋楼梯可以减少占用的房屋面积;

- 胶卷。
② 单层排列的物体变为多层排列。
- 6 碟 CD 机;
- 立体车库;
- Arduino 电路板可以通过"盾板"来增加插槽的数量以增加功能。
③ 将物体倾斜或竖直放置。
- 自卸车;
- 现代战机的矢量发动机。
④ 利用物体的反面。
- 在电路板的两面都安装电子元件。
⑤ 利用照射到邻近区域或物体背面的光线。
- 把地面标志盘由镜面反射改为漫反射,可帮助飞机驾驶员更准确地找到地面控制点。

注意:维数变化原理涉及几何学、新的特性或参数、附加变量、新的相互作用及场等。

【例 6.17】 CPU 散热器

CPU 的散热器通过在三维方向上安装多个薄板来提高冷却效率,如图 6-17 所示。

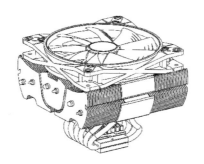

图 6-17 CPU 散热器

18. 原理 18 机械振动原理

机械振动原理也称为振动法,是指运用振动或振荡,以便将一种规则的、周期性的变化包含在一个平均值附近。其子指导原则为:
① 使物体处于振动状态。
- 电动剃须刀;
- 压马路震动锤;

- 用筛子筛米。
② 如果已处于振动状态,则可提高振动频率直至超声振动。
- 通过振动分选粉末;
- 电钻;
- 超声波清洗。
③ 利用共振频率。
- 通过超声共振消除胆结石或肾结石;
- 利用共鸣腔加热氢原料实现火箭自动点火;
- 音叉。
④ 用压电振动代替机械振动。
- 石英晶体振荡驱动高精度钟表。
⑤ 利用超声波振动和电磁场耦合。
- 在电频炉里混合合金,使混合均匀。

注意:应用机械振动原理可以考虑使物体发生振荡或振动、改变振动或振荡的程度、改变频率到超声级别、使用共振频率、使用压电振动、组合超声场与电磁场等。

【例 6.18】 音箱

音箱将电流还原为空气振动,将原来的声音播放出来,如图 6-18 所示。

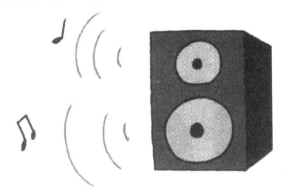

图 6-18 音 箱

19. 原理 19 周期性作用原理

周期性作用原理也称为离散法,是指改变施行作用的方式,以达到所需的效果。其子指导原则为:

① 用周期性作用或脉冲作用代替连续作用。
- 用点焊进行定位;
- 警灯周期性的闪烁;

- 开生锈的螺母时,用间歇性猛力比持续拧力有效。
② 如果已经是周期性作用,则改变其运动频率。
- 用变幅值与变频率的报警器代替脉动报警器;
- 可任意地调节频率的按摩椅、变频器;
- 使用 AM、PM、PWM 来传输信息。
③ 在脉冲周期中利用间隙来执行另一有用作用。
- 医用心肺呼吸系统中,每 5 次胸腔压缩后进行 1 次呼吸。

注意:若一种作用是连续的,则考虑使其变为周期性或脉动的。若一种作用是周期性或脉动的,则考虑改变其振幅或频率。为了产生预期效果,还可考虑将均匀或随机模式作用于振幅及频率。

【例 6.19】 钻石

计算出钻石的光折射率,按照周期性图案进行切割,钻石就会自然而然地发出耀眼的光芒,如图 6-19 所示。

图 6-19 钻 石

20. 原理 20 有效作用的连续性原理

有效作用的连续性也称为有效作用持续法,是指产生连续流与(或)消除所有空闲及间歇性动作,以提高其效率。其子指导原则为:
① 物体的各个部分同时满载持续工作,以提供持续可靠的性能。
- 工厂的倒班制;
- 在线检修;
- 手机关机后,手机时间不停。
② 消除空闲和间歇性动作。
- 打印机的打印头在回程过程中也进行打印;
- 建筑或桥梁的某些关键部位必须连续浇注水泥,一气呵成;

- 货车卸车后,再装其他货物返程。

注意:任何过渡工程,均可损害一个系统的效率。有必要搜寻并消除动态系统的非动态时刻或已损失能量。

【例 6.20】 披萨刀

披萨刀可以通过旋转连续使用刀刃,使无论多大的披萨都可以切开,如图 6-20 所示。

图 6-20 披萨刀

21. 原理 21 紧急行动原理

紧急行动原理也称为快速法、急速动作法、减少有害作用时间法,是指某事物在一个给定速度下出现问题,则使其速度加快,即快速执行一个危险或有害的作业,以消除有害的副作用。其子指导原则为:

在高速下进行危险或有害的流程或步骤。

- 修理牙齿的钻头高速旋转,以防止牙组织升温被破坏;
- 用 X 射线拍骨片;
- 闪光灯;
- 快速切割塑料,在材料内部的热量传播之前完成,避免形变;
- 高速瞬间灭菌机。

注意:紧急行动原理需要时时评测动作执行期间出现有害功能、事件或状况的原因,从而尽可能提高做出改进措施的速度。

【例 6.21】 胸透

放射线虽然对人体有害,但类似 X 光片的极短时间则影响甚微,如图 6-21 所示。

图 6-21 胸　透

22. 原理 22　变害为利原理

变害为利原理也称为变有害为有益法,指害处已经存在,寻找各种方式从中取得有用的价值。其子指导原则为:

① 利用有害的因素,特别是环境中的有害效应,来获取有益的结果。
- 炉渣砖;
- 各种疫苗;
- 废水利用。

② 将两个有害的因素相结合进而抵消有害因素。
- 垃圾焚烧发电;
- 爆破前挖沟;
- 让碱性液体 A 和酸性液体 B 轮流从管道通过,消除沉积物。

③ 增大有害因素的幅度直至有害性消失。
- 森林灭火时用逆火灭火,通过燃起另一堆火将即将到来的野火的通道区域烧光;
- 用铁桶来运装浓硫酸,通过铁桶的致密氧化物保护膜防止浓硫酸继续和铁反应。

注意:"有害"或"有利"的定义需要在某一时间点上,且会根据不同的情况而改变。

【例 6.22】　垃圾焚烧热量利用

垃圾焚烧厂旁大多建有游泳池,利用焚烧垃圾产生的热量来加热冷水,如图 6-22 所示。

图 6-22 垃圾焚烧热量利用

23. 原理 23　反馈原理

反馈原理也称为反馈法,是指将一种系统的输出作为输入返回到系统中,以便增强对输出的控制。其子指导原则为:

① 在系统中引入反馈,改善其系统性能。
- 盲人拐杖探地形;
- 声控喷泉;
- 用于探测火与烟的热/烟传感器。

② 如果已引入反馈,则对其进行改善。
- 飞机接近机场时,改变自动驾驶系统的灵敏度;
- 电饭煲根据食物的成熟度来自动加温或断电。

注意:应用反馈原理可将任何有用或有害的改变均视为一种反馈信息源,若反馈已被运用,则寻找各种方式,来改变其幅度。

【例 6.23】　音乐喷泉

音乐喷泉是在程序控制喷泉的基础上加入了音乐控制系统,使喷泉的造型及灯光的变化与音乐保持同步,从而达到喷泉水形、灯光及色彩的变化与音乐完美结合,如图 6-23 所示。

图 6-23　音乐喷泉

24. 原理24 中介物原理

中介物原理也称为中介法,是指利用某种可轻松去除的中间载体、阻挡物或过程,在不相容的部分、功能、事件或情况之间经调解或协调而建立的一种临时连接。其子指导原则为:

① 使中介物实现所需动作。
- 用拨子弹琴;
- 通过机械传动中的惰轮改变转向;
- 利用扳手拧紧螺栓。

② 临时把原物体与另一个容易去除的物体相结合。
- 饭店上菜的托盘;
- 管路绝缘材料;
- 化学反应中引入催化剂。

注意:中介物原理要求寻找不相容或不匹配的功能、事件或情况,然后确定可以在不匹配系统之间充当连接的一个中介物。通常可以在有害作用、对象、功能、特征等之间寻找中间阻挡物。

【例6.24】 隔水煮

对于直接用火加热会煳的食物,可以将水作为中介,采用隔水煮的方法烹调,如图6-24所示。

图6-24 隔水煮

25. 原理25 自服务原理

自服务原理也称为自助法,是指在执行主要功能(或操作)的同时,以协助或并行的方式执行相关功能(或操作)。其子指导原则为:

① 物体通过执行辅助或维护功能而服务于自身。
- 自清洁玻璃;
- 自动饮水机;
- 不倒翁。

② 利用废弃的能源与物质。
- 包装材料的再利用；
- 玉米丰收后秸秆还田；
- 热电厂余热供暖。

注意：自服务是物理、化学或几何效应的一种结果，在主要功能和相关或并行功能上起作用。自服务和反馈很难区分，但要注意，自服务采用了某种反馈，却没有一个特定的"反馈系统"。

【例 6.25】 生态瓶示意图

鱼缸里放入足够的水草，可以自动补充氧气，如图 6-25 所示。

图 6-25 生态瓶示意图

26. 原理 26 复制原理

复制原理也称为复制法，是指利用一个拷贝、复制品或模型来代替因成本过高而不能使用的事物。其子指导原则为：

① 用经过简化的、廉价的复制品代替不易获得的、复杂的、昂贵的、不方便的或易碎的物体。
- 虚拟驾驶游戏机；
- 人造宝石；
- 假牙。

② 可见光仪器可由红外线或紫外线仪器替代。
- 用卫星照片代替实地考察；
- 医学 CT；
- 利用紫外光诱杀蚊蝇。

③ 用光学复制品（图像）代替实物或实物系统。
- 用 B 超代替 X 光，减少伤害；
- 红外报警系统；
- X 光探伤。

注意：如果系统缺乏可用性、成本过高或易损坏，则需要找到可用的、成本低的或耐用的复制品来代替，同时可考虑事物模型、计算机模型、数学模型、流程图或其他能够满足要求的模拟技术。

【例 6.26】 滑冰体感游戏界面

体感游戏是一种通过肢体动作变化来进行（操作）的新型电子游戏，可以用身体去感受的电子游戏，突破以往单纯以手柄按键输入的操作方式，如图 6-26 所示。

图 6-26 滑冰体感游戏界面

27. 原理 27 廉价品替代原理

廉价品替代原理也称为替代法，是指运用廉价的、较简单的或较易处理的对象，以便降低成本、增强便利性、延长使用寿命等。其子指导原则为：

用便宜的物体代替昂贵的物体，同时降低对某些性能的要求（例如，工作寿命）。
- 一次性纸杯；
- 一次性医药用品；

- 一次性照相机；
- 人造仿真产品。

注意：廉价品替代原理重要针对系统之中的高成本材料(气体、液体、固体)，在应用该原理时可考虑舍弃一些良好的特性或属性。

【例 6.27】 汽车租赁服务

人们在外旅游时不可能在目的地购买一辆汽车，所以可以采用租车的方式进行替代，如图 6-27 所示。

图 6-27 汽车租赁服务

28. 原理 28 机械系统替代原理

机械系统替代原理也称为系统替代法，是指利用物理场或其他的形式、作用和状态来代替机械的相互作用、装置、机构及系统。其子指导原则为：

① 用光学系统、声学系统、电磁学系统或影响人类感觉的系统来代替机械系统。
- 天然气中混入难闻的气体代替机械或电子传感器来警告人们天然气的泄漏；
- 洗手间红外感应开关；
- 用光线控制电路传送物体。

② 运用电场、磁场、电磁场和某一物体相互作用。
- 为了混合两种粉末，使其中一种带正电荷，另一种带负电荷；
- 静电除尘；
- 电磁铁。

③ 用运动替代静止场、时变场代替恒定场、结构化场代替非结构化场。
- 变频器；

- 交流电动机；
- 早期通信中采用全方位的发射,现在使用有特定发射方式的天线。

④ 利用磁性物质的场作用。
- 铁磁催化剂,呈现顺磁状态。

注意：机械系统替代原理首先考虑用物理场替代某机械的相互作用、装置、机构或系统,也可考虑用生物感觉来实现替代,比如用视觉代替光学、听觉代替声音、嗅觉代替气味,还可考虑用热场、化学场、电场、磁场或电磁场进行替换。

【例 6.28】 来电感应手机壳

手机壳的感应器通过磁场感应手机的信号进行闪烁,以获知手机来电,如图 6-28 所示。

图 6-28 来电感应手机壳

29. 原理 29 气压和液压结构原理

气压和液压结构原理也称为压力法,是指运用空间或液压技术来替代普通系统元件或功能。其子指导原则为：

将物体的固体部分用气体或液体代替,如充气结构、充液结构、气垫、液体静力结构和液体动力结构等。

- 充气床垫；
- 液压电梯代替机械电梯；
- 气动钉钉枪；
- 矿井坑道液压支架。

注意：气压和液压结构原理是利用系统的可压缩性或不可压缩性的属性,改善系统。应用该原理可考虑能否用一个气动或液压元件替代一个易出故障的元件,可否通过使用气体或液体产生一种更好的结果,系统中是否包含具有可压缩性、流动性、弹性及能量吸收等属性的元件。

【例6.29】 气动夹紧装置

气动夹紧装置通过气体的膨胀和收缩实现工件的搬运工作,如图6-29所示。

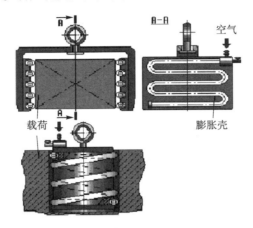

图6-29 气动夹紧装置

30. 原理30 柔性壳体或薄膜原理

柔性壳体或薄膜原理也称为柔化法,是指将传统构造替代为薄膜或柔性、柔韧壳体构造,或利用薄膜或柔韧壳体使对象与其环境隔离。其子指导原则为:

① 使用柔性壳体或薄膜代替通常结构。
- 薄膜开关;
- 儿童充气城堡;
- 在网球场地上采用充气薄膜结构作为冬季保护措施。

② 使用柔性壳体或薄膜,将物体与环境隔离。
- 餐厅内部的屏风;
- 舞台上的幕布;
- 蔬菜大棚;
- 手机覆膜。

注意:柔性壳体或薄膜原理需要考虑采用哪些类型的薄膜或柔性壳体构造能改进工艺、降低成本或提高可靠度,怎样利用薄膜或柔性、柔韧壳体将一个物体与其环境进行隔离,怎样用薄的对象代替厚的对象。

【例 6.30】 汽车喷涂

对汽车进行多层反复喷涂,既可以形成漂亮的颜色,还能够起到预先防止生锈的作用,如图 6-30 所示。

图 6-30 汽车喷涂

31. 原理 31　多孔材料原理

多孔材料原理也称为孔化法,是指通过在材料或对象中打孔、开空腔或通道来增强其多孔性,从而改变某种气体、液体或固体的形态。其子指导原则为:

① 使物体变为多孔或加入多孔物质,如多孔嵌入物或覆盖物。
- 充气砖;
- 泡沫材料;
- 蜂窝煤。

② 如果物体是多孔结构,则可在小孔中事先填入某种物质。
- 医用药棉;
- 用多孔的金属网吸走接缝处多余的焊料;
- 利用海绵空隙储存液态氮;
- 泡沫金属用于制造飞机机翼。

注意:多孔材料原理是通过产生孔穴、气泡、毛细管等,来增强介质的多孔性。孔隙可以是真空的,也可以充满能够提供一种或多种有用功能的气体、液体或固体。在减轻重量、传送冷却流、供给气流、充当过滤器等方面可采用多孔介质。该原理不仅可应用于机械系统,还可应用于任何多孔资源物质、空间、时间、信息、场或功能。

【例 6.31】 pH 值检测试纸

pH 值试纸是一种多孔材料,试纸通过毛细管现象吸收液体,显示反应结果,如图 6-31 所示。

图6-31　pH值检测试纸

32. 原理32　改变颜色原理

改变颜色原理也称为色彩法,是指通过改变对象或系统的颜色,来提升系统的价值或用以解决检测问题。其子指导原则为:

① 改变物体或环境的颜色。
- 用不同的颜色表示不同的警报;
- 变色镜;
- 在冲洗照片的暗房中使用红色暗灯。

② 改变物体或环境的透明度。
- 随光线改变透明度的感光玻璃;
- 确定溶液酸碱度的化学试纸;
- 使用"雾面玻璃"来阻隔内外的视线。

③ 在物体中添加颜色,用以观察难以看到的物体或过程。
- 利用紫外线识别伪钞;
- 警察服、环卫工人工作服;
- 煤油温度计中煤油呈现红色,以便于观察。

④ 如果已经添加了颜色,则考虑增强发光追踪或原子标记。
- 夜光鱼漂;
- 交警的荧光服。

注意:使用改变颜色原理可考虑如何通过改变颜色来促进检测,改善测量或标识位置,可以检测哪些问题,可以指示哪些状态的改变,可以对哪些能力进行目视控制,可以掩盖哪些问题等。

【例6.32】　变色龙

变色龙会随着周围颜色而变色,可以防止外敌的攻击,如图6-32所示。

图 6-32 变色龙

33. 原理 33 同质性原理

同质性原理也称为均质化法,是指两个或多个对象或两种或多种物质彼此相互作用,则其应包含相同的材料、能量或信息。其子指导原则为:

和主要物体相互作用的物体应该用相同材料或特性相近的材料制成。
- 用金刚石切割钻石;
- 使用与容纳物相同的材料来制造容器,以减少化学反应的机会;
- 骨髓移植需要白细胞抗原匹配;
- 糯米纸。

注意:应用同质性原理,首先确定采用均质材料的可能性,再寻找各种作用、对象、特征及功能中的均质性,同时寻找技术性与非技术性方面的解决方式。合理采用材料属性足够接近的两种或多种材料,并不要求完全均质化。

【例 6.33】 冰咖啡

冰咖啡里的冰块溶解后会使咖啡的味道变淡,如果采用咖啡制成的冰块则可解决这一问题,如图 6-33 所示。

图 6-33 冰咖啡

34. 原理34 抛弃与修复原理

抛弃与修复原理也称为自生自弃法,指抛弃原理和修复原理的结合。抛弃指从系统中去除某物,修复是将某事物恢复到系统中以进行再利用。其子指导原则为:

① 当物体中的某个元素完成其功能或变得不再有用时,可采用溶解、蒸发等手段来消除它,或在系统运行过程中改变它。

- 火箭点火起飞后逐级分离抛弃;
- 胶囊药物;
- 用干冰或冰粒打磨工件,打磨完后自行消失,无残留。

② 在工作过程中补充被消耗的部分。

- 水循环系统;
- 自动铅笔;
- 全自动枪支的子弹射出后,可以自己将弹仓中的子弹补充进枪膛。

注意:抛弃与修复原理的利用中时间起到至关重要的作用,一旦某种功能已完成,必须采取有效措施立即将其从系统中去除,或者立即对其进行恢复以进行再利用。在应用此原理时,可考虑对什么进行去除或恢复可以减小尺寸?何种力量是关键的,可对什么进行削弱,以对什么进行超阈度设计?是否存在过多的支持?可对哪些功能进行消除或组合?是否存在可进行去除、组合或再循环的物质?考虑废物是怎样在系统中产生的或怎样从系统中去除的,是即时的还是有延迟的?能否使产生或去除的时间与系统中其他地方需要该对象的时间相协调?

【例6.34】 砂型铸造

在砂型铸造中采用砂子制作模具,注入金属后再拆毁模具取出产品,如图6-34所示。

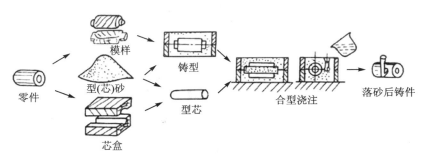

图6-34 砂型铸造

35. 原理35 参数变化原理

参数变化原理也称为性能转换法,是指通过改变一个对象或系统的属性(物理或化

学参数),来提供一种有用的方法。其子指导原则为:
① 改变系统的物理状态。
- 将氧气液化,减少体积;
- 制作甜心糖果时,先将液态的夹心冰冻,然后浸入溶化的巧克力中进行加工。
② 便于运输。
- 氧气瓶。
③ 改变浓度或密度。
- 用液态的肥皂水代替固体肥皂,可以定量控制使用,减少浪费。
④ 改变柔性。
- 链条锁;
- 硫化橡胶。
⑤ 改变温度或体积。
- 烧制陶瓷;
- 提高烹饪食品的温度以改善色、香、味。

注意:对象或系统的属性包括对象的物理或化学状态、密度、导电性、机械柔性、温度、几何结构等。应用此原理可利用几何变化、温度变化、化学变化来改变对象或系统的属性。利用密度或导电性的改变来传送系统的相关信息。

【例 6.35】 隐形荧光笔

采用隐形荧光笔书写的字迹需要在特殊荧光下才能够显形,如图 6-35 所示。

图 6-35 隐形荧光笔

36. 原理 36 相变原理

相变原理也称为形态改变法,是指利用一种材料或情况的相变,来实现某种效应或产生某种系统的改变。其具体表现为:

利用物质相变时产生的某种效应,如体积改变、吸热或放热。

- 合理利用水在结冰时体积膨胀的原理；
- 利用相变材料制作的降温服、干冰舞台烟雾；
- 热管运用介质蒸发时吸热,冷凝时放热将热量带出。

注意：典型的相变过程包括气体到液体、液体到固体、固体到气体,以及相反过程。相变过程常用于吸收或释放热量、改变体积,以及产生一种有用的力。

【例 6.36】 退热贴

发烧时贴在额头的退热贴能够通过汽化热来给头部降温,如图 6-36 所示。

图 6-36 退热贴

37. 原理 37　热膨胀原理

热膨胀原理也称为热膨胀法,是指利用对象的受热膨胀原理将热能转换为机械能或机械作用。其子指导原则为：

① 利用材料的热膨胀或热收缩。
- 在过盈配合装配中,冷却内部件,加热外部件,装配完成后恢复常温,两者实现紧配合；
- 自动喷淋系统,防火。

② 组合使用不同热膨胀系数的几种材料。
- 记忆合金；
- 热敏开关；
- 双金属片传感器,使用两种不同膨胀系数的金属材料并连接在一起,当温度变化时双金属片会发生弯曲。

注意：热膨胀原理是将一种形式的能量转换成另一种形式的能量以产生某种特定的结果。因此应用此原理需要确定系统中材料的种类及各种材料是否受温度变化的影响,以及产生的变化如何提供所需功能;需要确定热膨胀的方向是正向或负向。该原理是常用于线性的热膨胀或收缩,但其运动范围并不仅限于热场,还应考虑如何利用其他类型的场引起变化。如系统在重力、气压、海拔或光线等因素的作用下会产生哪些效应等。

【例 6.37】 宇宙飞船保护层

宇宙飞船的保护层可以部分气化,以保护宇宙飞船不致过热,如图 6-37 所示。

图 6-37 宇宙飞船保护层

38. 原理 38 加速强氧化原理

加速强氧化原理也称为逐级氧化法,是指通过加速氧化过程或增加氧化作用强度,来改善系统的作用或功能。其子指导原则为:

① 用富氧空气代替普通空气。
- 水下呼吸系统中存储浓缩空气;
- 冶炼炉中通入富氧空气提高燃烧率。

② 用纯氧代替富氧空气。
- 用氧气-乙炔火焰高温切割;
- 用高压氧气处理伤口,既能杀灭厌氧细胞,又能帮助伤口愈合。

③ 用电离射线处理空气或氧气。
- 空气过滤器通过电离空气来捕获污染物;
- 负离子发生器。

④ 用臭氧代替离子化的氧气。
- 臭氧溶于水中可去除船体上的有机污染物;
- 用臭氧作为潜水艇内燃机的助燃剂,可以使燃料完全燃烧。

注意:应用加速强氧化原理应加强寻找各种使用氧化剂的特殊方法的训练,确定系统当前的氧化水平,考察各种氧化方式对系统产生的结果,直到获得最佳的氧化效果为止。应用此原理可从化学的角度进行考虑。

【例6.38】 过氧化氢使用前后对比

含氧漂白剂利用过氧化氢的氧化作用漂白污渍,如图6-38所示。

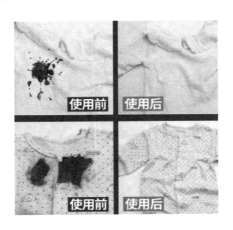

图6-38 过氧化氢使用前后对比

39. 原理39 惰性环境原理

惰性环境原理也称为惰性环境法,是指制造一种中性(惰性)环境,以便支持所需功能。其子指导原则为:

① 用惰性气体环境代替通常环境。
- 为了防止炽热灯丝失效,让其置于氩气中(霓虹灯);
- 在轮胎中充入氮气以延长轮胎的寿命。

② 在物体中添加惰性或中性添加剂。
- 高保真音响中添加泡沫以吸收振动。

③ 使用真空环境。
- 真空包装。

注意:应用惰性环境原理需要考虑各种可用的环境类型,包括真空、气体、液体或固体等。

【例6.39】 防止苹果氧化变色的方法

将苹果泡在盐水里,可以防止其表面变色,如图6-39所示。

图 6-39 防止苹果氧化变色的方法

40. 原理 40　复合材料原理

复合材料原理也称为复合材料法,是指通过将两种或多种不同的材料(或服务)紧密结合为一体而形成复合材料。其子指导原则为:

用复合材料代替均质材料。

- 钢筋混凝土结构;
- 混纺地毯,具有良好的阻燃性能;
- 碳纤维材料:轻,高强度;
- 玻璃纤维:轻,与木制品相比更易做成不同的形状;
- 复合材料。

注意:复合材料原理可宽泛地理解为改变材料的成分。确定某特定问题的结构是非常重要的。如果材料是均质的,则在保持作用、对象或特征等条件不变的情况下,可以将其变为多层的结构,也可考虑加入纤维结构,并考虑由此产生的影响。

【例 6.40】　飞机机翼结构

为了解决重量与强度的矛盾,飞机的机翼采用多孔材料和强劲的骨架复合制成,如图 6-40 所示。

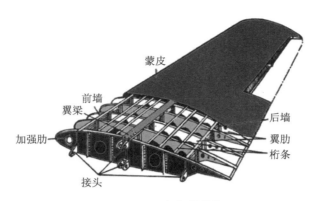

图 6-40 飞机机翼结构

习题：

（1）为什么用圆珠笔书写比钢笔书写流畅？请列举生活中使用此原理的更多应用。

（2）为什么用卷笔刀削铅笔比用小刀削得快？请列举生活中使用此原理的更多应用。

（3）请说明下列方法使用了什么发明原理：

① 电子邮件可作为计算机病毒的一种载体，此载体为病毒提供了从单点向多点传播的手段。

② 商人运用周期性作用来加深人们对其广告及所售商品的印象，一条常常被重复的规则就是"消费者要看它3次后才会购买"。

③ 自动调温器监测温度的变化。当温度改变时，温度调节器通过对供暖或制冷装置发送信号以对室内的温度进行校正。

④ 多功能螺丝刀只有一个刀柄，却配有很多刀头，以便于携带和使用。

⑤ 现在的大型工厂大部分采用流水线生产，传送带上的物品是不动的，而传送带旁的机械手臂代替了人的劳动，在不改变位置的前提下可以上下左右自由伸缩，提高了生产效率。

⑥ 滚轮办公椅将固定的椅腿变为可移动的圆轮，方便工作人员移动。

⑦ 用针管抽取液体的时候不可能直接吸入准确的剂量，而是吸取后将多余的液体排出，大大简化了操作的难度。

⑧ 驾驶车辆时，驾驶室内的各种仪表将车辆的行驶状态反馈给驾驶员，便于驾驶员操作车辆。

⑨ 在游乐园中通过充气气球将人体与水隔离，使人能够体验在水中行走的乐趣。

⑩ 插头和插座的外壳都采用塑料材料以便于绝缘，防止漏电。

第 7 章　技术矛盾与物理矛盾

设计人员或发明家在解决问题时,最有效的解决方案就是解决技术难题中的矛盾。当想要改善技术系统中的某一特性、某一参数时,常常会引起系统中另一特性或参数的恶化,于是矛盾(TRIZ 中也称"冲突")出现了。

7.1　矛盾及其分类

在唯物辩证法中,矛盾就是对立统一的。它反映了事物之间相互作用、相互影响的一种特殊的状态,"矛盾"不是事物,也不是实体,它在本质上属于事物的属性关系。这种属性关系是事物之间的一种特殊的关系,这种特殊的关系就是"对立"的,正是由于事物之间存在着这种"对立"的关系,所以它们才能够构成矛盾。

在经典 TRIZ 理论中,矛盾是指为了达到某种目的,需要改善某个参数,但如果在改善某个参数的时候,却带来了另外的问题,也就是说,按常规的方法改善这个参数的方法不能用,因为它带来了负向的效应,这就是矛盾。

【例 7.1】 汽车轮胎的抓地力

我们希望汽车的轮胎(如图 7-1 所示)抓地力更强一点,因为这样我们驾驶的时候更安全,但是会带来一个新的问题,那就是油耗会增加,所以轮胎的抓地力不能太大又不能太小,这就是一对矛盾。

TRIZ 把工程中常见的矛盾分为三种:技术矛盾、物理矛盾和管理矛盾。其中,管理矛盾是指部门管理过程中为了取得某些结果,需要采取某种措施,但又不知如何去做。例如,希望在提高评价公平性的同时提高效率,希望在提高评价结论客观性的同时融合专家意见等就是管理矛盾。管理矛盾的解决需结合实际背景,不容易归纳出范式规律,不属于经典 TRIZ 理论的研究内容,因此本章不做更深入的讨论。

图 7-1　汽车轮胎

7.1.1　技术矛盾

技术矛盾是指一个作用同时导致有用及有害两种结果。技术矛盾是我们最常见的矛盾之一,常表现为一个系统中两个子系统之间的矛盾。技术矛盾常表现为以下三种情况:一是在一个子系统中引入一种有用功能,会导致另一个子系统产生一种有害功能或加强了已存在的有害功能。例如,手机的电磁辐射(如图7-2所示)。手机通话是通过高频电磁波将电信号发射出去,提高辐射强度更有利于通话,但对人体产生的危害也增强了。二是消除了一种有害功能会导致另一个子系统的有用功能变弱。例如,癌症病人化疗(如图7-3所示)。利用化疗药物杀死癌细胞,但是也杀死了好细胞,降低了人的免疫力。三是有用功能的加强或有害功能的减弱会使另一个子系统或系统变得过于复杂。例如,打印机加墨系统(如图7-4所示)。使用加墨装置给墨盒加墨,节省了打印成本,但补充墨的过程会变得复杂。

图7-2 手机电磁辐射

图7-3 病人化疗

在现实生活中,有许多关于技术矛盾的例子。如在制造业中,很多工业产品的表面需要进行抛光处理,有时候为了达到很高的光洁度,就需要花费大量的时间。这里,改善的参数是光洁度,恶化的参数是时间。技术矛盾是光洁度和时间两个参数之间的矛盾。在电子业中,显示器是很多电子设备需要配备的部件之一。某些情况下,显示器需

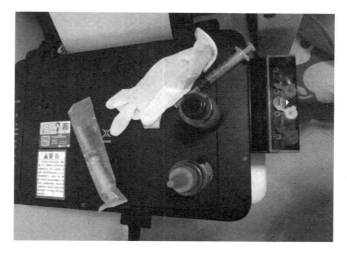

图 7-4　打印机墨盒加墨

要更高的亮度,但是一些说明书中常建议不要使用过高的亮度,否则容易造成显示器更快速地老化。这个系统中的技术矛盾是亮度与时间两个参数的矛盾。在农业中,害虫是影响粮食产量的重要原因。所以为了保证农作物的正常成长,常用的做法是喷洒各种农药。但是农药会残留在农作物上,影响人和其他动物的健康。这里,改善的参数是害虫造成的农作物损失,恶化的参数是农药残留对人类和其他动物健康的损害。

从上面的例子中,我们可以发现:技术矛盾描述的是两个参数的矛盾。技术矛盾通常用"如果 A,那么 B,但是 C"来描述,A 为一般工程的解决方案,改善的参数为 B,恶化的参数为 C。为了验证这个技术矛盾描述得是否正确,一般还要采用技术矛盾"如果采用与方案 A 相反的方案,那么参数 C 改善了,但是参数 B 恶化了"进行再次描述(如表 7-1 所列),如果两种技术矛盾表述在现实生活中都成立,才能说明我们所描述的技术矛盾是正确的,否则,说明我们描述得不正确。例如,在驾驶汽车过程中,速度和安全性两个参数就构成了技术矛盾。如果加大油门,那么速度会提升,但安全性会变差;如果减小油门,那么安全性会提升,但速度会变慢。

表 7-1　技术矛盾的表述

技术矛盾	表述 1	表述 2
如果	常规的工程解决方案 A(增加)	常规的工程解决方案 A(减少)
那么	改善的参数 B	改善的参数 C
但是	恶化的参数 C	恶化的参数 B

【例 7.2】　战斗机机翼尺寸

飞机的升力和重量构成一组技术矛盾。我们的战斗机机翼(如图 7-5 所示)的尺寸大一点,这样飞机起飞时的升力更大,与此同时,飞机可能变得更笨重了。我们可以采用表7-2的形式来表述技术矛盾。

图7-5 战斗机

表7-2 战斗机机翼尺寸的技术矛盾

技术矛盾	表述1	表述2
如果	增加机翼的尺寸	减小机翼的尺寸
那么	飞机的升力提高	飞机的重量减轻
但是	飞机的重量增加	飞机的升力降低

7.1.2 物理矛盾

物理矛盾是针对技术系统的某个参数,我们有两种相反的要求,也就是说自相矛盾。比如:温度的高与低、几何尺寸的长与短、物体的软与硬等(如表7-3所列)。物理矛盾常表现为以下两种情况:一是系统中有害性能降低的同时导致该子系统中有用性能降低。例如,使用摩擦系数小的轮胎会降低油耗,与此同时,汽车的抓地力也变差了。二是系统中有用性能增强的同时导致该子系统中有害性能增强。例如,使用摩擦系数大的轮胎会增强抓地力,与此同时,汽车的油耗也提高了。

表7-3 常见的物理矛盾

类 别	物理矛盾			
几何类	长与短, 圆与非圆	对称与非对称, 锋利与钝	平行与交叉, 宽与窄	厚与薄, 水平与垂直
材料类	多与少	密度大与小	热导率高与低	温度高与低
能量类	时间长与短	黏度高与低	功率大与小	摩擦系数大与小
功能类	运动与静止	推与拉, 强与弱	冷与热, 软与硬	快与慢, 成本高与低

在现实生活中,有许多关于物理矛盾的例子。如侦察机(如图7-6所示)应飞行得很快,以便尽快离开被侦察的地区,但在被侦察地区上空又应飞行得很慢,以便收集更多的数据;飞机的机翼应有大的面积以便起飞与降落,但又应要较小以便高速飞行;软件应容易使用,但又应有多项选择以便能处理复杂的事物。

图7-6 侦察机

从上面的例子中,我们可以发现:物理矛盾反映的是唯物辩证法中的对立统一关系。一方面,物理矛盾讲的是相互排斥,非此即彼;另一方面,物理矛盾又存在于同一客体中。物理矛盾通常用"参数A需要B,因为C;但是参数A需要-B,因为D"来描述。其中,A表示单一参数,B表示正向需求,-B表示相反的负向需求,C表示在正向需求B满足的情况下可以达到的效果,D表示在负向需求-B满足的情况下可以达到的效果。例如,火车上桌板的面积问题。桌板的面积需要大一点,因为可以放置更多的物品;桌板的面积又需要小一点,因为可以便于旅客通行。

7.2 通用工程参数

根里奇·阿奇舒勒(Genrich S. Altshuler)在分析大量专利后发现,产品设计中的矛盾是普遍存在的,但每个行业或领域中的参数十分繁杂,应该用一种规范化、通用化、标准化的方法来描述矛盾。通过对大量专利的深入研究,阿奇舒勒归纳出来39个工程参数,我们将其称之为通用工程参数。39个通用工程参数是产品设计中的具体问题与TRIZ理论的桥梁,是我们将具体问题转化为TRIZ问题的有效工具。

在实际问题分析过程中,为表述系统存在的问题,工程参数的选择是一个难度较大的工作,工程参数的选择不但需要拥有关于技术系统的全面的专业知识,而且也要拥有对TRIZ的39个通用工程参数的正确解释。

39个通用工程参数名称及解释如表7-4所列。

表 7-4　39 个通用工程参数名称及解释

序　号	名　称	解　释
No.1	运动物体的重量	在重力场中运动物体的重量
No.2	静止物体的重量	在重力场中静止物体的重量
No.3	运动物体的长度	运动物体的任意线性尺寸
No.4	静止物体的长度	静止物体的任意线性尺寸
No.5	运动物体的面积	运动物体内部或外部所具有的表面或部分表面的面积
No.6	静止物体的面积	静止物体内部或外部所具有的表面或部分表面的面积
No.7	运动物体的体积	运动物体所占有的空间体积
No.8	静止物体的体积	静止物体所占有的空间体积
No.9	速度	过程或活动与时间之比
No.10	力	试图改变物体状态的任何作用
No.11	应力或压力	单位面积上的力
No.12	形状	物体外部轮廓或系统的外貌
No.13	结构的稳定性	系统的完整性和系统组成部分之间的关系
No.14	强度	物体抵抗外力作用使之变化的能力
No.15	运动物体作用时间	物体连续完成某种功能的时间
No.16	静止物体作用时间	物体完成规定动作的时间
No.17	温度	物体或系统所处的热状态
No.18	光照强度	单位面积上的光通量
No.19	运动物体的能量消耗	运动物体做功的一种度量
No.20	静止物体的能量消耗	静止物体做功的一种度量
No.21	功率	单位时间内所做的功
No.22	能量损失	做无用功的能量
No.23	物质损失	部分或全部、永久或临时的材料、部件或子系统等物质的损失
No.24	信息损失	部分或全部、永久或临时的数据损失
No.25	时间损失	一项活动所延续的间隔
No.26	物质或事物的数量	材料、部件、子系统等的数量改变
No.27	可靠性	系统在规定的方法及状态下完成规定功能的能力
No.28	测试精度	系统特征的实测值与实际值之间的误差
No.29	制造精度	系统或物体的实际性能与所需性能之间的误差
No.30	作用于物体的有害因素	物体对外部或环境中的有害因素作用的敏感程度
No.31	物体产生的有害因素	有害因素将降低物体或系统的效率或完成功能的质量

续表 7-4

序 号	名 称	解 释
No.32	可制造性	物体或系统制造过程简单方便的程度
No.33	可操作性	要完成的操作应需要较少的操作者、较少的步骤
No.34	可维修性	对于系统可能出现的失误所进行的维修要时间短、方便、简单
No.35	适应性及多用性	物体或系统响应外部变化或应用于不同条件的能力
No.36	系统的复杂性	系统中元件数目及多样性
No.37	控制和测量的复杂性	不容易对物体进行测量,不容易将某种性能控制在某个范围内
No.38	自动化程度	系统或物体在无人操作的情况下完成任务的能力
No.39	生产率	单位时间内所完成的功能或操作数

【例 7.3】 通用参数的转化

现在以民用飞机(如图 7-7 所示)的一个问题为例,来说明 39 个通用工程参数的作用。为了增加飞机外壳的强度,一种方法是增加飞机外壳的厚度,但是这样会造成飞机重量的增加。我们发现改善的参数是强度,在 39 个通用工程参数中对应的是 No.14 参数;恶化的是重量,查询通用工程参数,发现有两个参数都包含重量,分别是"No.1 运动物体的重量"和"No.2 静止物体的重量"。经过判断,我们可以选择 No.1 参数,即运动物体的重量。于是,这个问题转化成标准的技术矛盾就是改善了强度,恶化了运动物体的重量。

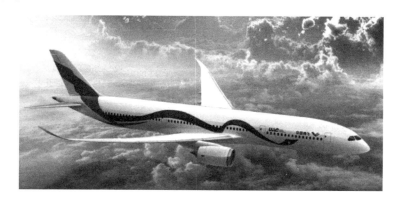

图 7-7 民用飞机

为了便于应用,可以将上述 39 个通用工程参数分为以下三类:一是通用物理及几何参数。包括运动物体的重量、静止物体的重量、运动物体的长度、静止物体的长度、运动物体的面积、静止物体的面积、运动物体的体积、静止物体的体积、速度、力、应力或压力、形状、温度、光照强度、功率。二是通用技术负向参数。包括运动物体作用时间、静止物体作用时间、运动物体的能量消耗、静止物体的能量消耗、能量损失、物质损失、信息损失、时间损失、物质或事物的数量、作用于物体的有害因素、物体产生的有害因素。

三是通用技术正向参数。包括结构的稳定性、强度、可靠性、测试精度、制造精度、可制造性、可操作性、可维修性、适应性及多用性、系统的复杂性、控制和测量的复杂性、自动化程度、生产率。不难发现,负向参数值越大,则系统或子系统的性能越差。而正向参数值越大,则系统或子系统的性能越好。

7.3 技术矛盾解决原理及案例分析

7.3.1 矛盾矩阵

由于40条发明原理是从大量的发明中提取出来的,具有普遍代表性,所以可以利用它们来解决我们自己所在行业或领域遇到的技术矛盾问题。但是如何有效地利用这些发明原理呢?如果我们遇到一个问题就去一条一条地查询这些发明原理,效率是比较低的。通过多年的研究、分析、比较,阿奇舒勒提出了阿奇舒勒矛盾矩阵。该矩阵将描述技术冲突的39个通用工程参数和40条发明原理建立了对应关系,提高了解决技术矛盾问题的效率(见表7-5)。矛盾矩阵的第1、第2列和第1、第2行分别为39个通用工程参数的序号和名称。第2列是欲改善的参数名称,第2行是恶化的参数名称。第3列至第41列与第3行至第41行组成方格内部有的有数字,有的有"+",有的有"-"。其中,有数字的方格就是TRIZ所推荐的解决对应工程矛盾的发明原理的号码;灰色背景带"+"的方格表示产生的矛盾是物理矛盾而不是技术矛盾;有"-"的方格表示空集。

表7-5 阿奇舒勒矛盾矩阵

改善的通用工程参数	恶化的通用工程参数	No.1 运动物体的重量	No.2 静止物体的重量	No.3 运动物体的长度	No.4 静止物体的长度	No.5 运动物体的面积
No.1	运动物体的重量	+	—	15,8,29,34	—	29,17,38,34
No.2	静止物体的重量	—	+	—	10,1,29,35	—
No.3	运动物体的长度	8,15,29,34	—	+	—	15,17,4
No.4	静止物体的长度	—	35,28,40,29	—	+	—
No.5	运动物体的面积	2,17,29,4	—	14,15,18,4	—	+
No.6	静止物体的面积	—	30,2,14,18	—	26,7,9,39	—
No.7	运动物体的体积	2,26,29,40	—	1,7,35,4	—	1,7,4,17
No.8	静止物体的体积	—	35,10,19,14	19,14	35,8,2,14	—
No.9	速度	2,28,13,38	—	13,14,8	—	29,30,34

续表 7-5

改善的通用工程参数	恶化的通用工程参数	No.1 运动物体的重量	No.2 静止物体的重量	No.3 运动物体的长度	No.4 静止物体的长度	No.5 运动物体的面积
No.10	力	8,1,37,18	18,13,1,28	17,19,9,36	28,10	19,10,15
No.11	应力或压力	10,36,37,40	13,29,10,18	35,10,36	35,1,14,16	10,15,36,28
No.12	形状	8,10,29,40	15,10,26,3	29,34,5,4	13,14,10,7	5,34,4,10
No.13	结构的稳定性	21,35,2,39	26,39,1,40	13,15,1,28	37	2,11,13
No.14	强度	1,8,40,15	40,26,27,1	1,15,8,35	15,14,28,26	3,34,40,29
No.15	运动物体作用时间	19,5,34,31	—	2,19,9	—	3,17,19
No.16	静止物体作用时间	—	6,27,19,16	—	1,40,35	—
No.17	温度	36,22,6,38	22,35,32	15,19,9	15,19,9	3,35,39,18
No.18	光照强度	19,1,32	2,35,32	19,32,16	—	19,32,26
No.19	运动物体的能量消耗	12,18,28,31	—	12,28	—	15,19,25
No.20	静止物体的能量消耗	—	19,9,6,27	—	—	—
No.21	功率	8,36,38,31	19,26,17,27	1,10,35,37	—	19,38
No.22	能量损失	15,6,19,28	19,6,18,9	7,2,6,13	6,38,7	15,26,17,30
No.23	物质损失	35,6,23,40	35,6,22,32	14,29,10,39	10,28,24	35,2,10,31
No.24	信息损失	10,24,35	10,35,5	1,26	26	30,26
No.25	时间损失	10,20,37,35	10,20,26,5	15,2,29	30,24,14,5	26,4,5,16
No.26	物质或事物的数量	35,6,18,31	27,26,18,35	29,14,35,18	—	15,14,29
No.27	可靠性	3,8,10,40	3,10,8,28	15,9,14,4	15,29,28,11	17,10,14,16
No.28	测试精度	32,35,26,28	28,35,25,26	28,26,5,16	32,28,3,16	26,28,32,3
No.29	制造精度	28,32,13,18	28,35,27,9	10,28,29,37	2,32,10	28,33,29,32
No.30	作用于物体的有害因素	22,21,27,39	2,22,13,24	17,1,39,4	1,18	22,1,33,28
No.31	物体产生的有害因素	19,22,15,39	35,22,1,39	17,15,16,22	—	17,2,18,39
No.32	可制造性	28,29,15,16	1,27,36,13	1,29,13,17	15,17,27	13,1,26,12
No.33	可操作性	25,2,13,15	6,13,1,25	1,17,13,12	—	1,17,13,16
No.34	可维修性	2,27,35,11	2,27,35,11	1,28,10,25	3,18,31	15,13,32
No.35	适应性及多用性	1,6,15,8	19,15,29,16	35,1,29,2	1,35,16	35,30,29,7
No.36	系统的复杂性	26,30,34,36	2,26,35,39	1,19,26,24	26	14,1,13,16
No.37	控制和测量的复杂性	27,26,28,13	6,13,28,1	16,17,26,24	26	2,13,18,17
No.38	自动化程度	28,26,18,35	28,26,35,10	14,13,28,17	23	17,14,13
No.39	生产率	35,26,24,37	28,27,15,3	18,4,28,38	30,7,14,26	10,26,34,31

续表 7-5

	恶化的通用工程参数	No.6	No.7	No.8	No.9	No.10
改善的通用工程参数		静止物体的面积	运动物体的体积	静止物体的体积	速度	力
No.1	运动物体的重量	—	29,2,40,28	—	2,8,15,38	8,10,18,37
No.2	静止物体的重量	35,30,13,2	—	5,35,14,2	—	8,10,19,35
No.3	运动物体的长度	—	7,17,4,35	—	13,4,8	17,10,4
No.4	静止物体的长度	17,7,10,40	—	35,8,2,14	—	28,10
No.5	运动物体的面积	—	7,14,17,4	—	29,30,4,34	19,30,35,2
No.6	静止物体的面积	+	—	—		1,18,35,36
No.7	运动物体的体积	—	+		29,4,38,34	15,35,36,37
No.8	静止物体的体积	—	—	+	—	2,18,37
No.9	速度	—	7,29,34	—	+	13,28,15,19
No.10	力	1,18,36,37	15,9,12,37	2,36,18,37	13,28,15,12	+
No.11	应力或压力	10,15,36,37	6,35,10	35,24	6,35,36	36,35,21
No.12	形状	—	14,4,15,22	7,2,35	35,15,34,18	35,10,37,40
No.13	结构的稳定性	39	28,10,19,39	34,28,35,40	33,15,28,18	10,35,21,16
No.14	强度	9,40,28	10,15,14,7	9,14,17,15	8,13,26,14	10,18,3,14
No.15	运动物体作用时间	—	10,2,19,30		3,35,5	19,2,16
No.16	静止物体作用时间	—	—	35,34,38		—
No.17	温度	35,38	34,39,40,18	35,6,4	2,28,36,30	35,10,3,21
No.18	光照强度	—	2,13,10		10,13,19	26,19,6
No.19	运动物体的能量消耗		35,13,18		8,15,35	16,26,21,2
No.20	静止物体的能量消耗	—	—	—	—	36,37
No.21	功率	17,32,13,38	35,6,38	30,6,25	15,35,2	26,2,36,35
No.22	能量损失	17,7,30,18	7,18,23	7	16,35,38	36,38
No.23	物质损失	10,18,39,31	1,29,30,36	3,39,18,31	10,13,28,38	14,15,18,40
No.24	信息损失	30,16	—	2,22	26,32	—
No.25	时间损失	10,35,17,4	2,5,34,10	35,16,32,18	—	10,37,36,5
No.26	物质或事物的数量	2,18,40,4	15,20,29		35,29,34,28	35,14,3
No.27	可靠性	32,35,40,4	3,10,14,24	2,35,24	21,35,11,28	8,28,10,3
No.28	测试精度	26,28,32,3	32,13,6	—	28,13,32,24	32,2
No.29	制造精度	2,29,18,36	32,28,2	25,10,35	10,28,32	28,19,34,36

续表 7-5

改善的通用工程参数 \ 恶化的通用工程参数		No.6 静止物体的面积	No.7 运动物体的体积	No.8 静止物体的体积	No.9 速度	No.10 力
No.30	作用于物体的有害因素	27,2,39,35	22,23,37,35	34,39,19,27	21,22,35,28	13,35,39,18
No.31	物体产生的有害因素	22,1,40	17,2,40	30,18,35,4	35,28,3,23	35,28,1,40
No.32	可制造性	16,40	13,29,1,40	35	35,13,8,1	35,12
No.33	可操作性	18,16,15,39	1,16,35,15	4,18,39,31	18,13,34	28,13,35
No.34	可维修性	16,25	25,2,35,11	1	34,9	1,11,10
No.35	适应性及多用性	15,16	15,35,29	—	35,10,14	15,17,20
No.36	系统的复杂性	6,36	34,26,6	1,16	34,10,28	26,16
No.37	控制和测量的复杂性	2,39,30,16	29,1,4,16	2,18,26,31	3,4,16,35	36,28,40,19
No.38	自动化程度	—	35,13,16	—	28,10	2,35
No.39	生产率	10,35,17,7	2,6,34,10	35,37,10,2	—	28,15,10,36

改善的通用工程参数 \ 恶化的通用工程参数		No.11 应力或压力	No.12 形状	No.13 结构的稳定性	No.14 强度	No.15 运动物体作用时间
No.1	运动物体的重量	10,36,37,40	10,14,35,40	1,35,19,39	28,27,18,40	5,34,31,35
No.2	静止物体的重量	13,29,10,18	13,10,29,14	26,39,1,40	28,2,10,27	—
No.3	运动物体的长度	1,8,35	1,8,10,29	1,8,15,34	8,35,29,34	19
No.4	静止物体的长度	1,14,35	13,14,15,7	39,37,35	15,14,28,26	—
No.5	运动物体的面积	10,15,36,28	5,34,29,4	11,2,13,39	3,15,40,14	6,3
No.6	静止物体的面积	10,15,36,37	—	2,38	40	—
No.7	运动物体的体积	6,35,36,37	1,15,29,4	28,10,1,39	9,14,15,7	6,35,4
No.8	静止物体的体积	24,35	7,2,35	34,28,35,40	9,14,17,15	—
No.9	速度	6,18,38,40	35,15,18,34	28,33,1,18	8,3,26,14	3,19,35,5
No.10	力	18,21,11	10,35,40,34	35,10,21	35,10,14,27	19,2
No.11	应力或压力	+	35,4,15,10	35,33,2,40	9,18,3,40	19,3,27
No.12	形状	34,15,10,14	+	33,1,18,4	30,14,10,40	14,26,9,25
No.13	结构的稳定性	2,35,40	22,1,18,4	+	17,9,15	13,27,10,35
No.14	强度	10,3,18,40	10,30,35,40	13,17,35	+	27,3,26
No.15	运动物体作用时间	19,3,27	14,26,28,25	13,3,35	27,3,10	+
No.16	静止物体作用时间	—	—	39,3,35,23	—	—
No.17	温度	35,39,19,2	14,22,19,32	1,35,32	10,30,22,40	19,13,39

续表 7-5

改善的通用工程参数 \ 恶化的通用工程参数		No.11 应力或压力	No.12 形状	No.13 结构的稳定性	No.14 强度	No.15 运动物体作用时间
No.18	光照强度	—	32,30	32,3,27	35,19	2,19,6
No.19	运动物体的能量消耗	23,14,25	12,2,29	19,13,17,24	5,19,9,35	28,35,6,18
No.20	静止物体的能量消耗	—	—	27,4,29,18	35	—
No.21	功率	22,10,35	29,14,2,40	35,32,15,31	26,10,28	19,35,10,38
No.22	能量损失	—	—	14,2,39,6	26	—
No.23	物质损失	3,36,37,10	29,35,3,5	2,14,30,40	35,28,31,40	28,27,3,18
No.24	信息损失	—	—	—	—	10
No.25	时间损失	37,36,4	4,10,34,17	35,3,22,5	29,3,28,18	20,10,28,18
No.26	物质或事物的数量	10,36,14,3	35,14	15,2,17,40	14,35,34,10	3,35,10,40
No.27	可靠性	10,24,35,19	35,1,16,11	—	11,28	2,35,3,25
No.28	测试精度	6,28,32	6,28,32	32,35,13	28,6,32	28,6,32
No.29	制造精度	3,35	32,30,40	30,18	3,27	3,27,40
No.30	作用于物体的有害因素	22,2,27	22,1,3,35	35,24,30,18	18,35,37,1	22,15,33,28
No.31	物体产生的有害因素	2,33,27,18	35,1	35,40,27,39	15,35,22,2	15,22,33,31
No.32	可制造性	35,19,1,37	1,28,13,27	11,13,1	1,3,10,32	27,1,4
No.33	可操作性	2,32,12	15,34,29,28	32,35,30	32,40,3,28	29,3,8,25
No.34	可维修性	13	1,13,2,4	2,35	1,11,2,9	11,29,28,27
No.35	适应性及多用性	35,16	15,37,1,8	35,30,14	35,3,32,6	13,1,35
No.36	系统的复杂性	19,1,35	29,13,28,15	2,22,17,19	2,13,28	10,4,28,15
No.37	控制和测量的复杂性	35,36,37,32	27,13,1,39	11,22,39,30	27,3,15,28	19,29,25,39
No.38	自动化程度	13,35	15,32,1,13	18,1	25,13	6,9
No.39	生产率	10,37,14	14,10,34,40	35,3,22,39	29,28,10,18	35,10,2,18

改善的通用工程参数 \ 恶化的通用工程参数		No.16 静止物体作用时间	No.17 温度	No.18 光照强度	No.19 运动物体的能量消耗	No.20 静止物体的能量消耗
No.1	运动物体的重量	—	6,29,4,38	19,1,32	35,12,34,31	—
No.2	静止物体的重量	2,27,19,6	28,19,32,22	35,19,32	—	18,19,28,1
No.3	运动物体的长度	—	10,15,19	32	8,35,24	—
No.4	静止物体的长度	1,40,35	3,35,38,18	3,25	—	—
No.5	运动物体的面积	—	2,15,16	15,32,19,13	19,32	—

续表 7-5

	恶化的通用工程参数	No.16 静止物体作用时间	No.17 温度	No.18 光照强度	No.19 运动物体的能量消耗	No.20 静止物体的能量消耗
No.6	静止物体的面积	2,10,19,30	35,39,38	—		
No.7	运动物体的体积	—	34,39,10,18	10,13,2	35	—
No.8	静止物体的体积	35,34,38	35,6,4			
No.9	速度	—	28,30,36,2	10,13,19	8,15,35,38	
No.10	力	—	35,10,21		19,17,10	1,16,36,37
No.11	应力或压力	—	35,39,19,2	—	14,24,10,37	
No.12	形状	—	22,14,19,32	13,15,32	2,6,34,14	
No.13	结构的稳定性	39,3,35,23	35,1,32	32,3,27,15	13,19	27,4,29,18
No.14	强度	—	30,10,40	35,19	19,35,10	35
No.15	运动物体作用时间	—	19,35,39	2,19,4,35	28,6,35,18	
No.16	静止物体作用时间	+	19,18,36,40	—		—
No.17	温度	19,18,36,40	+	32,30,21,16	19,15,3,17	
No.18	光照强度	—	32,35,19	+	32,1,19	32,35,1,15
No.19	运动物体的能量消耗	—	19,24,3,14	2,15,19	+	
No.20	静止物体的能量消耗	—	—	19,2,35,32	—	+
No.21	功率	16	2,14,17,25	16,6,19	16,6,19,37	—
No.22	能量损失	—	19,38,7	1,13,32,15		
No.23	物质损失	27,16,18,38	21,36,39,31	1,6,13	35,18,24,5	28,27,12,31
No.24	信息损失	10		19		
No.25	时间损失	28,20,10,16	35,29,21,18	1,19,26,17	35,38,19,18	1
No.26	物质或事物的数量	3,35,31	3,17,39	—	34,29,16,18	3,35,31
No.27	可靠性	34,27,6,40	3,35,10	11,32,13	21,11,27,19	36,23
No.28	测试精度	10,26,24	6,19,28,24	6,1,32	3,6,32	—
No.29	制造精度	—	19,26	3,32	32,2	
No.30	作用于物体的有害因素	17,1,40,33	22,33,35,2	1,19,32,13	1,24,6,27	10,2,22,37
No.31	物体产生的有害因素	21,39,16,22	22,35,2,24	19,24,39,32	2,35,6	19,22,18
No.32	可制造性	35,16	27,26,18	28,24,27,1	28,26,27,1	1,4
No.33	可操作性	1,16,25	26,27,13	13,17,1,24	1,13,24	—
No.34	可维修性	1	4,10	15,1,13	15,1,28,16	
No.35	适应性及多用性	2,16	27,2,3,35	6,22,26,1	19,35,29,13	—

续表 7-5

	恶化的通用工程参数	No.16	No.17	No.18	No.19	No.20
改善的通用工程参数		静止物体作用时间	温度	光照强度	运动物体的能量消耗	静止物体的能量消耗
No.36	系统的复杂性	—	2,17,13	24,17,13	27,2,29,28	—
No.37	控制和测量的复杂性	25,34,6,35	3,27,35,16	2,24,26	35,38	19,35,16
No.38	自动化程度	—	26,2,19	8,32,19	2,32,13	—
No.39	生产率	20,10,16,38	35,21,28,10	26,17,19,1	35,10,38,19	1

	恶化的通用工程参数	No.21	No.22	No.23	No.24	No.25
改善的通用工程参数		功率	能量损失	物质损失	信息损失	时间损失
No.1	运动物体的重量	12,36,18,31	6,2,34,19	5,35,3,31	10,24,35	10,35,20,28
No.2	静止物体的重量	15,19,18,22	18,19,28,15	5,8,13,30	10,15,35	10,20,35,26
No.3	运动物体的长度	1,35	7,2,35,39	4,29,23,10	1,24	15,2,29
No.4	静止物体的长度	12,8	6,28	10,28,24,35	24,26	30,29,14
No.5	运动物体的面积	19,10,32,18	15,17,30,26	10,35,2,39	30,26	26,4
No.6	静止物体的面积	17,32	17,7,30	10,14,18,39	30,16	10,35,4,18
No.7	运动物体的体积	35,6,13,18	7,15,13,16	36,39,34,10	2,22	2,6,34,10
No.8	静止物体的体积	30,6	—	10,39,35,34	—	35,16,32,18
No.9	速度	19,35,38,2	14,20,19,35	10,13,28,38	13,26	—
No.10	力	19,35,18,37	14,15	8,35,40,5	—	10,37,36
No.11	应力或压力	10,35,14	2,36,25	10,36,3,37		37,36,4
No.12	形状	4,6,2	14	35,29,3,5	—	14,10,34,17
No.13	结构的稳定性	32,35,27,31	14,2,39,6	2,14,30,40		35,27
No.14	强度	10,26,35,28	35	35,28,31,40	—	29,3,28,10
No.15	运动物体作用时间	19,10,35,38	—	28,27,3,18	10	20,10,28,18
No.16	静止物体作用时间	16	—	27,16,18,38	10	28,20,10,16
No.17	温度	2,14,17,25	21,17,35,38	21,36,29,31	—	35,28,21,18
No.18	光照强度	32	13,16,1,6	13,1	1,6	19,1,26,17
No.19	运动物体的能量消耗	6,19,37,18	12,22,15,24	35,24,18,5	—	35,38,19,18
No.20	静止物体的能量消耗	—	—	28,27,18,31	—	—
No.21	功率	+	10,35,38	28,27,18,38	10,19	35,20,10,6
No.22	能量损失	3,38	+	35,27,2,37	19,10	10,18,32,7
No.23	物质损失	28,27,18,38	35,27,2,31	+	—	15,18,35,10

续表 7-5

改善的通用工程参数	恶化的通用工程参数	No.21 功率	No.22 能量损失	No.23 物质损失	No.24 信息损失	No.25 时间损失
No.24	信息损失	10,19	19,10	—	+	24,26,28,32
No.25	时间损失	35,20,10,6	10,5,18,32	35,18,10,39	24,26,28,32	+
No.26	物质或事物的数量	35	7,18,25	6,3,10,24	24,28,35	35,38,18,16
No.27	可靠性	21,11,26,31	10,11,35	10,35,29,39	10,28	10,30,4
No.28	测试精度	3,6,32	26,32,27	10,16,31,28	—	24,34,28,32
No.29	制造精度	32,2	13,32,2	35,31,10,24	—	32,26,28,18
No.30	作用于物体的有害因素	19,22,31,2	21,22,35,2	33,22,19,40	22,10,2	35,18,34
No.31	物体产生的有害因素	2,35,18	21,35,2,22	10,1,34	10,21,29	1,22
No.32	可制造性	27,1,12,24	19,35	15,34,33	32,24,18,16	35,28,34,4
No.33	可操作性	35,34,2,10	2,19,13	28,32,2,24	4,10,27,22	4,28,10,34
No.34	可维修性	15,10,32,2	15,1,32,19	2,35,34,27	—	32,1,10,25
No.35	适应性及多用性	19,1,29	18,15,1	15,10,2,13	—	35,28
No.36	系统的复杂性	20,19,30,34	10,35,13,2	35,10,28,29	—	6,29
No.37	控制和测量的复杂性	19,1,16,10	35,3,15,19	1,18,10,24	35,33,27,22	18,28,32,9
No.38	自动化程度	28,2,27	23,28	35,10,18,5	35,33	24,28,35,30
No.39	生产率	35,20,10	28,10,29,35	28,10,35,23	13,15,23	—

改善的通用工程参数	恶化的通用工程参数	No.26 物质或事物的数量	No.27 可靠性	No.28 测试精度	No.29 制造精度	No.30 作用于物体的有害因素
No.1	运动物体的重量	3,26,18,31	3,11,1,27	28,27,35,26	28,35,26,18	22,21,18,27
No.2	静止物体的重量	19,6,18,26	10,28,8,3	18,26,28	10,1,35,17	2,19,22,37
No.3	运动物体的长度	29,35	10,14,29,40	28,32,4	10,28,29,37	1,15,17,24
No.4	静止物体的长度	—	15,29,28	32,28,3	2,32,10	1,18
No.5	运动物体的面积	29,30,6,13	29,9	26,28,32,3	2,32	22,33,28,1
No.6	静止物体的面积	2,18,40,4	32,35,40,4	26,28,32,3	2,29,18,36	27,2,39,35
No.7	运动物体的体积	29,30,7	14,1,40,11	25,26,28	25,28,2,16	22,21,27,35
No.8	静止物体的体积	35,3	2,35,16	—	35,10,25	34,39,19,27
No.9	速度	10,19,29,38	11,35,27,28	28,32,1,24	10,28,32,25	1,28,35,23
No.10	力	14,29,18,36	3,35,13,21	35,10,23,24	28,29,37,36	1,35,40,18
No.11	应力或压力	10,14,36	10,13,19,35	6,28,25	3,35	22,2,37

续表 7-5

改善的通用工程参数	恶化的通用工程参数	No.26 物质或事物的数量	No.27 可靠性	No.28 测试精度	No.29 制造精度	No.30 作用于物体的有害因素
No.12	形状	36,22	10,40,16	28,32,1	32,30,40	22,1,2,35
No.13	结构的稳定性	15,32,35	—	13	18	35,24,18,30
No.14	强度	29,10,27	11,3	3,27,16	3,27	18,35,37,1
No.15	运动物体作用时间	3,35,10,40	11,2,13	3	3,27,16,40	22,15,33,28
No.16	静止物体作用时间	3,35,31	34,27,6,40	10,26,24	—	17,1,40,33
No.17	温度	3,17,30,39	19,35,3,10	32,19,24	24	22,33,35,2
No.18	光照强度	1,19	—	11,15,32	3,32	15,19
No.19	运动物体的能量消耗	34,23,16,18	19,21,11,27	3,1,32	—	1,35,6,27
No.20	静止物体的能量消耗	3,35,31	10,36,23	—	—	10,2,22,37
No.21	功率	4,34,19	19,24,26,31	32,15,2	32,2	19,22,31,2
No.22	能量损失	7,18,25	11,10,35	32	—	21,22,35,2
No.23	物质损失	6,3,10,24	10,29,39,35	16,34,31,28	35,10,24,31	33,22,30,40
No.24	信息损失	24,28,35	10,28,23	—	—	22,10,1
No.25	时间损失	35,38,18,16	10,30,4	24,34,28,32	24,26,28,18	35,18,34
No.26	物质或事物的数量	+	18,3,28,40	13,2,28	33,30	35,33,29,31
No.27	可靠性	21,28,40,3	+	32,3,11,23	11,32,1	27,35,2,40
No.28	测试精度	2,6,32	5,11,1,23	+	—	28,24,22,26
No.29	制造精度	32,30	11,32,1	—	+	26,28,10,36
No.30	作用于物体的有害因素	35,33,29,31	27,24,2,40	28,33,23,26	26,28,10,18	+
No.31	物体产生的有害因素	3,24,39,1	24,2,40,39	3,33,26	4,17,34,26	—
No.32	可制造性	35,23,1,24	—	1,35,12,18	—	24,2
No.33	可操作性	12,35	17,27,8,40	25,13,2,34	1,32,35,23	2,25,28,39
No.34	可维修性	2,28,10,25	11,10,1,16	10,2,13	25,10	35,10,2,16
No.35	适应性及多用性	3,35,15	35,13,8,24	35,5,1,10	—	35,11,32,31
No.36	系统的复杂性	13,3,27,10	13,35,1	2,26,10,34	26,24,32	22,19,29,40
No.37	控制和测量的复杂性	3,27,29,18	27,40,28,8	26,24,32,28	—	22,19,29,28
No.38	自动化程度	35,13	11,27,32	28,26,10,34	28,26,18,23	2,33
No.39	生产率	35,38	1,35,10,38	1,10,34,28	32,1,18,10	22,35,13,24

表 7-5

改善的通用工程参数 \ 恶化的通用工程参数		No.31 物体产生的有害因素	No.32 可制造性	No.33 可操作性	No.34 可维修性	No.35 适应性及多用性
No.1	运动物体的重量	22,35,31,39	27,28,1,36	35,3,2,24	2,27,28,11	29,5,15,8
No.2	静止物体的重量	35,22,1,39	28,1,9	6,13,1,32	2,27,28,11	19,15,29
No.3	运动物体的长度	17,15	1,29,17	15,29,35,4	1,28,10	14,15,1,16
No.4	静止物体的长度	—	15,17,27	2,25	3	1,35
No.5	运动物体的面积	17,2,18,39	13,1,26,24	15,17,13,16	15,13,10,1	15,30
No.6	静止物体的面积	22,1,40	40,16	16,4	16	15,16
No.7	运动物体的体积	17,2,40,1	29,1,40	15,13,30,12	10	15,29
No.8	静止物体的体积	30,18,35,4	35	—	1	
No.9	速度	2,24,35,21	35,13,8,1	32,28,13,12	34,2,28,27	15,10,26
No.10	力	13,3,36,24	15,37,18,1	1,28,3,25	15,1,11	15,17,18,20
No.11	应力或压力	2,33,27,18	1,35,16	11	2	35
No.12	形状	35,1	1,32,17,28	32,15,26	2,13,1	1,15,29
No.13	结构的稳定性	35,40,27,39	35,19	32,35,30	2,35,10,16	35,30,34,2
No.14	强度	15,35,22,2	11,3,10,32	32,40,28,2	27,11,3	15,3,32
No.15	运动物体作用时间	21,39,16,22	27,1,4	12,27	29,10,27	1,35,13
No.16	静止物体作用时间	22	35,10	1	1	2
No.17	温度	22,35,2,24	26,27	26,27	4,10,16	2,18,27
No.18	光照强度	35,19,32,39	19,35,28,26	28,26,19	15,17,13,16	15,1,19
No.19	运动物体的能量消耗	2,35,6	28,26,30	19,35	1,15,17,28	15,17,13,16
No.20	静止物体的能量消耗	19,22,18	1,4	—	—	—
No.21	功率	2,35,18	26,10,34	26,35,10	35,2,10,34	19,17,34
No.22	能量损失	21,35,2,22	—	35,32,1	2,19	
No.23	物质损失	10,1,34,29	15,34,33	32,28,2,24	2,35,34,27	15,10,2
No.24	信息损失	10,21,22	32	27,22	—	
No.25	时间损失	35,22,18,39	35,28,34,4	4,28,10,34	32,1,10	35,28
No.26	物质或事物的数量	3,35,40,39	29,1,35,27	35,29,10,25	2,32,10,25	15,3,29
No.27	可靠性	35,2,40,26	—	27,17,40	1,11	13,35,8,24
No.28	测试精度	3,33,39,10	6,35,25,18	1,13,17,34	1,32,13,11	13,35,2
No.29	制造精度	4,17,34,26	—	1,32,35,23	25,10	—
No.30	作用于物体的有害因素	—	24,35,2	2,25,28,39	35,10,2	35,11,22,31

续表 7-5

改善的通用工程参数 \ 恶化的通用工程参数		No.31 物体产生的有害因素	No.32 可制造性	No.33 可操作性	No.34 可维修性	No.35 适应性及多用性
No.31	物体产生的有害因素	+	—	—	—	—
No.32	可制造性	—	+	2,5,13,16	35,1,11,9	2,13,15
No.33	可操作性	—	2,5,12	+	12,26,1,32	15,34,1,16
No.34	可维修性	—	1,35,11,10	1,12,26,15	+	7,1,4,16
No.35	适应性及多用性	—	1,13,31	15,34,1,16	1,16,7,4	+
No.36	系统的复杂性	19,1	27,26,1,13	27,9,26,24	1,13	29,15,28,37
No.37	控制和测量的复杂性	2,21	5,28,11,29	2,5	12,26	1,15
No.38	自动化程度	2	1,26,13	1,12,34,3	1,35,13	27,4,1,35
No.39	生产率	35,22,18,39	35,28,2,24	1,28,7,19	1,32,10,25	1,35,28,37

改善的通用工程参数 \ 恶化的通用工程参数		No.36 系统的复杂性	No.37 控制和测量的复杂性	No.38 自动化程度	No.39 生产率
No.1	运动物体的重量	26,30,36,34	28,29,26,32	26,35,18,19	35,3,24,37
No.2	静止物体的重量	1,10,26,39	25,28,17,15	2,26,35	1,28,15,35
No.3	运动物体的长度	1,19,26,24	35,1,26,24	17,24,26,16	14,4,28,29
No.4	静止物体的长度	1,26	26	—	30,14,7,26
No.5	运动物体的面积	14,1,13	2,36,26,18	14,30,28,23	10,26,34,2
No.6	静止物体的面积	1,18,36	2,35,30,18	23	10,15,17,7
No.7	运动物体的体积	26,1	29,26,4	35,34,16,24	10,6,2,34
No.8	静止物体的体积	1,31	2,17,26	—	35,37,10,2
No.9	速度	10,28,4,34	3,34,27,16	10,18	—
No.10	力	26,35,10,18	36,37,10,19	2,35	3,28,35,37
No.11	应力或压力	19,1,35	2,36,37	35,24	10,14,35,37
No.12	形状	16,29,1,28	15,13,39	15,1,32	17,26,34,10
No.13	结构的稳定性	2,35,22,26	35,22,39,23	1,8,35	23,35,40,3
No.14	强度	2,13,25,28	27,3,15,40	15	29,35,10,14
No.15	运动物体作用时间	10,4,29,15	19,29,39,35	6,10	35,17,14,19
No.16	静止物体作用时间	—	25,34,6,35	1	20,10,16,38
No.17	温度	2,17,16	3,27,35,31	26,2,19,16	15,28,35
No.18	光照强度	6,32,13	32,15	2,26,10	2,25,16

续表 7-5

改善的通用工程参数		恶化的通用工程参数 No.36 系统的复杂性	No.37 控制和测量的复杂性	No.38 自动化程度	No.39 生产率
No.19	运动物体的能量消耗	2,29,27,28	35,38	32,2	12,28,35
No.20	静止物体的能量消耗	—	19,35,16,25	—	1,6
No.21	功率	20,19,30,34	19,35,16	28,2,17	28,35,34
No.22	能量损失	7,23	35,3,15,23	2	28,10,29,35
No.23	物质损失	35,10,28,24	35,18,10,13	35,10,18	28,35,10,23
No.24	信息损失	—	35,33	35	13,23,15
No.25	时间损失	6,29	18,28,32,10	24,28,35,30	—
No.26	物质或事物的数量	3,13,27,10	3,27,29,18	8,35	13,29,3,27
No.27	可靠性	13,35,1	27,40,28	11,13,27	1,35,29,38
No.28	测试精度	27,35,10,34	26,14,32,28	28,2,10,34	10,34,28,32
No.29	制造精度	26,2,18	—	26,28,18,23	10,18,32,39
No.30	作用于物体的有害因素	22,19,29,40	22,19,29,40	33,3,34	22,35,13,24
No.31	物体产生的有害因素	19,1,31	2,21,27,1	2	22,35,18,39
No.32	可制造性	27,26,1	6,28,11,1	8,28,1	35,1,10,28
No.33	可操作性	32,26,12,17	—	1,34,12,3	15,1,28
No.34	可维修性	35,1,13,11	—	34,35,7,13	1,32,10
No.35	适应性及多用性	15,29,37,28	1	27,34,35	35,28,6,37
No.36	系统的复杂性	+	15,10,37,28	15,1,24	12,17,28
No.37	控制和测量的复杂性	15,10,37,28	+	34,21	35,18
No.38	自动化程度	15,24,10	34,27,25	+	5,12,35,26
No.39	生产率	12,17,28,24	35,18,27,2	5,12,35,26	+

7.3.2 运用矛盾矩阵解决技术矛盾的步骤

运用阿奇舒勒矛盾矩阵解决技术矛盾的流程大致分为以下四个步骤。

第一步：定义技术矛盾。

将待解决的关键问题转化为通用问题模型。用"如果 A，那么 B，但是 C"来描述这个实际问题，提取出存在的技术矛盾。为了检验技术矛盾定义是否正确，通常将正反两个技术矛盾都写出来，进行对比。

第二步：通用工程参数的确定。

选择与关键问题一致的技术矛盾表述，确定欲改善的参数和被恶化的参数，并将其转化为通用工程参数。

第三步：发明原理的确定。

查找阿奇舒勒矛盾矩阵，定位改善和恶化通用工程参数交叉的方格，得到推荐的解决对应工程矛盾的发明原理的号码。

第四步：问题解决方案的提出。

应用发明原理的提示，结合专业知识，确定最适合解决技术矛盾的具体解决方案。如果解决方案不能取得较好的效果，应重新设定技术矛盾，并重复上述工作。

7.3.3 案例分析

评价是对事物价值的判断，是科学决策的基础，这类活动贯穿于社会文明。为提高评价结论的质量，往往需要集中若干评价者的意见，这便形成了评价群体。评价群体的每个评价者，由于其知识、智慧和掌握的信息有所差异，群体成员关于指标权重的确定存在不同程度的意见冲突，称之为协商评价问题（Bargaining Evaluation Problem）。评价群体成员数量越多，考虑问题的角度越全面，评价结论越可靠，但评价结论的非一致性也越大，协商成本也越大。对于某一现实评价问题，如何选择合适的评价群体便成为一个备受评价需求者关注的问题。

下面应用技术矛盾的解题流程来解决这一问题。

第一步：定义技术矛盾。

这个案例的关键问题是：知识结构和实践经历不尽相同的评价群体如何通过协商达成共识，快速给出一致且合理的评价结论。将以上问题转化为通用问题模型。评价结论的公信力和协商时间存在技术矛盾。如果我们增加评价群体成员的数量，那么评价结论的公信力增强，但需要损耗的协商时间增多；如果我们减少评价群体成员的数量，那么损耗的协商时间减少，但评价结论的公信力减弱。

第二步：通用工程参数的确定。

选择与关键问题一致的第一种表述，即我们增加评价群体成员的数量，那么评价结论的公信力增强，但需要损耗的协商时间增多。为了利用阿奇舒勒矛盾矩阵，将公信力和协商时间分别转化为通用工程参数：No.27 可靠性和 No.25 时间损失。

第三步：发明原理的确定。

查找阿奇舒勒矛盾矩阵，定位改善和恶化通用工程参数交叉的方格，得到推荐的解决对应工程矛盾的发明原理分别为预先作用原理（原理10）、不对称原理（原理4）、柔性壳体或薄膜原理（原理30）。

第四步：问题解决方案的提出。

依据预先作用原理（原理10）的第 1 条准则：在操作开始前，使物体局部或全部产生所需的变化。给出的技术矛盾解决方案为：预先确定评价者的动态影响力，实现评价方案集的初选与删减，提高评价效率，减少协商时间；依据不对称原理（原理4）的第 1 条准则：将对称物体变为不对称的。给出的技术矛盾解决方案为：根据评价者的知识结构与实践经历，提高评价者影响力的差异度。这些方案均有助于关键问题的解决，在保证评价结论公信力的基础上,减少协商时间。

7.4 物理矛盾解决原理及案例分析

7.4.1 分离原理

与技术矛盾相比,物理矛盾是一种更尖锐的矛盾,它是对于同一参数两种相反的需求,设计中必须解决。解决物理矛盾的核心思想是实现矛盾双方的分离,现代 TRIZ 在总结物理矛盾解决方法的基础上,提炼出了四种基本类型分离方法,即空间分离原理、时间分离原理、条件分离原理和系统级别分离原理。除了运用分离原理解决物理矛盾外,也可尝试满足矛盾、绕过矛盾。满足矛盾是同时满足矛盾不同需求的方法(可以尝试发明原理 No.13、No.36、No.37、No.28、No.35、No.38、No.39),而绕过矛盾是尝试改变技术系统工作原理的方法,两种方法都是无法将物理矛盾分离时方考虑采用的方法,在实际工程设计中应优先考虑采用分离原理解决技术矛盾,因此,本部分重点介绍四种分离原理。

1. 空间分离原理

空间分离原理是将冲突双方在不同的空间分离,以降低解决问题的难度。应用该原理时,首先应回答如下问题:在哪里需要正向需求;在哪里需要反向需求。当关键子系统矛盾的双方在某一空间只出现一方时,可以进行空间分离。

例如,在采用混凝土打桩的过程中,希望桩头(如图 7-8 所示)锋利,这样容易打入地面,同时又不希望桩头锋利,因为锋利的桩头难以负荷重物。我们可以运用空间分离原理解决混凝土打桩的问题,在桩的上部加上一个锥形的圆环,并将该圆环与桩固定在一起,从空间上将矛盾进行分离,既保证了混凝土桩容易打入,同时又可以承受较大的载荷。

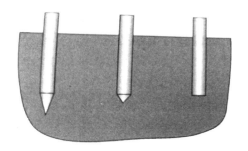

图 7-8 不同款式的桩头

2. 时间分离原理

时间分离原理是将冲突双方在不同的时间段分离,以降低解决问题的难度。应用该原理时,首先应回答如下问题:什么时候需要正向需求;什么时候需要反向需求。当关键子系统矛盾双方在某一时间段上只出现一方时,可以进行时间分离。

例如,在航空母舰上,我们希望舰载飞机的机翼尺寸大一点,因为大机翼能提供更大的升力;但是我们又希望机翼的尺寸小一些,因为要在航空母舰有限的面积上多放些飞机。我们可以利用时间分离原理来解决这样一个物理矛盾,即在航空母舰上机翼折叠存放，在飞行时飞机机翼打开。另外，在喷砂处理工艺中，需要使用研磨剂，但是在完成喷砂工艺之后，产品内部或一些凹处会残留一些研磨剂。由于研磨剂的存在将影响后续的工艺，所以研磨剂对于产品而言是不需要的。此时可利用时间分离原理来解决这个技术矛盾问题，即采用干冰作为研磨剂，在完成喷砂处理工艺后，干冰会由于升华而消失，从而解决了研磨剂聚集问题。

3. 条件分离原理

条件分离原理是将冲突双方在不同的条件（关系或方向）下分离，以降低解决问题的难度。应用该原理时，首先应回答如下问题：什么条件下需要正向需求；什么条件下需要反向需求。当关键子系统矛盾双方在某一条件下只出现一方时，可以进行条件分离。

例如，运用条件分离同样可以解决混凝土打桩的问题。在桩上加入一些螺纹，当将桩旋转时，桩就向下运动；不旋转桩时，桩就静止。从而解决了方便地导入桩与桩能承受较大的载荷之间的矛盾。

4. 系统级别分离原理

系统级别分离原理是将冲突双方在不同的层次分离，以降低解决问题的难度。当矛盾双方在关键子系统层次只出现一方，而该方在子系统、系统或超系统层次内不出现时，可以进行系统级别分离。

例如，运用系统级别分离解决混凝土打桩的问题。将原来的一个较粗的桩用一组较细的桩来代替，从而解决方便地导入桩与桩能承受较大载荷之间的矛盾。

每种分离方法对应着相应的发明原理，当选择了某种分离方法后，可尝试用其对应的发明原理来提出矛盾解决方案，分离方法与发明原理的对应关系如表 7-6 所列。

表 7-6 分离原理与发明原理的对应关系

分离原理	发明原理编号及名称
空间分离	No.1 分割原理
	No.2 抽取原理
	No.3 局部质量原理
	No.7 嵌套原理
	No.4 增加不对称性原理
	No.17 空间维数变化原理
时间分离	No.9 预先反作用原理
	No.10 预先作用原理
	No.11 事先防范原理
	No.15 动态特性原理
	No.34 抛弃或再生原理

表 7-6

分离原理	发明原理编号及名称
条件分离	No.3 局部质量原理
	No.17 空间维数变化原理
	No.19 周期性作用原理
	No.31 多孔材料原理
	No.32 颜色改变原理
	No.40 复合材料原理
	No.4 增加不对称性原理
	No.35 物理或化学参数改变原理
	No.14 曲面化原理
	No.7 嵌套原理
系统级别分离	No.1 分割原理
	No.5 组合原理
	No.12 等势原理
	No.33 均质性原理

7.4.2 运用分离原理解决物理矛盾的步骤

运用分离原理解决物理矛盾的流程大致分为以下四个步骤。

第一步：定义物理矛盾。

将待解决的关键问题转化为通用问题模型。用"参数 A 需要 B，因为 C；但是参数 A 需要—B，因为 D"来描述这个实际问题，提取出存在的物理矛盾。

第二步：分离原理的确定。

加入导向关键词来描述物理矛盾，如能用"在哪里需要正向需求；在哪里需要反向需求"这样的导向关键词描述物理矛盾时，则选用空间分离原理；如能用"什么时候需要正向需求；什么时候需要反向需求"这样的导向关键词描述物理矛盾时，则选用时间分离原理；如能用"什么条件下需要正向需求；什么条件下需要反向需求"这样的导向关键词描述物理矛盾时，则选用条件分离原理。对于无明显导向关键词，但矛盾双方在关键子系统层次只出现一方，而该方在子系统、系统或超系统层次内不出现时，可以进行系统级别分离。

第三步：发明原理的确定。

根据分离原理，选择合适的发明原理。

第四步：问题解决方案的提出。

应用发明原理的提示，结合专业知识，确定最适合解决物理矛盾的具体解决方案。关于分离原理和发明原理的对应关系及发明原理的名称，不同的教材提供了不尽相同的资料，仍需该领域专家进一步完善 TRIZ 理论体系。如果解决方案不能取得较好的效果,应重新设定导向关键词,并重复上述工作。

7.4.3 案例分析

对于 7.3.3 小节的案例,现应用物理矛盾的解题流程来解决这一问题。

第一步:定义物理矛盾。

将以上问题转化为通用问题模型。评价群体成员的数量有多与少两个方向的需求,存在物理矛盾。评价群体成员的数量需要多一点,因为评价结论的可靠性会强一点;评价群体成员的数量需要少一点,因为协商的时间损失会少一点。

第二步:分离原理的确定。

加入导向关键词来描述物理矛盾。对于复杂或重要的评价问题,评价群体成员的数量需要多一点,因为评价结论的可靠性会强一点;对于简单或意义不大的评价问题,评价群体成员的数量需要少一点,因为协商的时间损失会少一点。通用工程参数是"No.26 物质或事物的数量"。

第三步:发明原理的确定。

根据条件分离原理,确定的发明原理是"No.32 颜色改变原理"。

第四步:问题解决方案的提出。

依据"No.32 颜色改变原理"的第 1 条准则"改变物体或环境的颜色",给出的物理矛盾解决方案为:根据评价者的知识结构、实践经历,提出评价者动态影响力的计算模型,对评价者提供的评价信息公信力加以区别。该方案有助于关键问题的解决,在保证评价结论公信力的基础上,减少协商时间。

7.5 技术矛盾与物理矛盾的关系

技术矛盾和物理矛盾是有相互联系的。例如,以 7.3.3 小节提出的案例为例,我们可以用技术矛盾的范式("如果采用方案 A,那么参数 B 改善了,但是参数 C 恶化了;如果采用与方案 A 相反的方案,那么参数 C 改善了,但是参数 B 恶化了")来表述,即如果增加评价群体成员的数量,那么评价结论的可靠性增强,但协商的时间损失增多;如果我们减少评价群体成员的数量,那么协商的时间损失减少,但评价结论的可靠性减弱。可靠性与时间损失两个参数构成了技术矛盾。与此同时,我们对于评价群体成员的数量有多与少两个方向的需求,这个问题我们也可以用物理矛盾的范式(参数 A 有正向的需求,因为我们需要达到效果 C;参数 A 有负向的需求,因为我们需要达到效果 D)来表述,即评价群体成员的数量需要多一点,因为评价结论的可靠性会强一点;评价群体成员的数量需要少一点,因为协商的时间损失会少一点。所以技术矛盾与物理矛盾之间是可以转化的。技术矛盾是显而易见的矛盾,它的存在往往隐含物理矛盾的存在。相对于技术矛盾而言,物理矛盾的描述更加准确、更能反映真正问题所在,得到的解决方案更加富有成效。

习题：

（1）什么是技术矛盾？

（2）列举生活中技术矛盾与物理矛盾的实例。

（3）思考缝衣针的针眼存在什么物理矛盾？

（4）日常生活中，我们会以拍摄照片的形式记录生活中的美好，请简单介绍本学期拍摄的某张照片，发掘其存在的发明问题。尝试运用TRIZ理论中的技术矛盾或物理矛盾的解决思路来解决该发明问题。

（5）生活中的哪些事物存在物理矛盾？试用物理矛盾的描述方法来描述。参考格式为参数A存在物理矛盾。参数A需要B，因为C；但是参数A需要—B，因为D。

（6）工程上往往用法兰和螺栓来连接需要拆卸的两种工程部件（如图7-9所示），为了满足密封性的要求，需要采用较多的螺栓，但是从减少安装时间和维修拆卸时间考虑，需要的螺栓越少越好。尝试运用技术矛盾解决原理给出该问题的解决方案。

图 7-9　法兰与螺栓

第8章 TRIZ 创新思维方法

掌握九屏幕法、金鱼法、STC 算子法、资源分析法、小人法、最终理想解（IFR）、因果分析法等 TRIZ 创新思维方法及其使用步骤，能够熟练运用这些创新思维方法解决相应问题。

8.1 九屏幕法

九屏幕法是 TRIZ 中典型的"系统思维"方法，即对情景进行整体考虑，不仅考虑目前的情境和探讨的问题，而且还有它们在层次和时间上的位置和角色。它是 TRIZ 理论用于系统分析的重要工具。

TRIZ 创新算法中的九屏幕法是一种克服思维惯性的独特创新思维方法。该方法要求技术创新人员从系统、时间和空间三个维度对技术问题作系统分析，并从中发现克服系统缺陷所需且可利用的各种资源。九屏幕法对商业价值创新同样具有重大的启示。

九屏幕法是系统思维的一种方法，它把问题当成一个系统来研究，关注系统的整体性、层级性、目的性，以及系统的动态性、关联性，即各要素之间的结构。

根据系统论的观点，系统由多个子系统组成，并通过子系统间的相互作用实现一定的功能。系统之外的高层次系统称为超系统，系统之内的低层次系统称为子系统。我们要研究的、问题正在当前发生的系统称为当前系统。九屏幕法如图 8-1 所示。

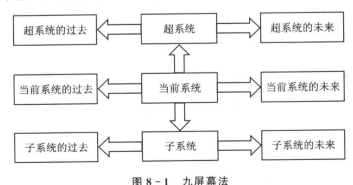

图 8-1　九屏幕法

8.1.1　系统思维

九屏幕法是系统思维的一种方法：

① 把问题当成一个系统来研究；
② 关注系统的整体性、层级性、目的性；
③ 关注系统的动态性、关联性，即各要素之间的结构。

8.1.2 "时间"轴和"空间"轴

九屏幕法是按照时间和系统层次两个维度进行思考的。
① 从"时间"轴考虑：
- 当前系统的"过去"，考虑问题出现前发生于合适层级上的事件；
- 当前系统的"未来"，考虑问题出现后发生于合适层级上的事件。
② 从"空间"轴考虑：
- "子系统"，考虑系统中所包含的单元；
- "超系统"，考虑高级别系统的单元。

8.1.3 系统思维方式

九屏幕法的系统思维方式为：
① 对情境进行系统地思考，不仅考虑当前，还要考虑过去和未来；
② 不仅考虑本系统，还要考虑相关的其他系统和系统内部；
③ 系统地、动态地、联系地看待事物。

8.1.4 分析方式

1. 九屏幕法的分析方式

九屏幕法的分析方式主要有两种：
① 系统地思考问题的产生和发展；
② 系统地分析资源，从资源的视角探究解决问题的可能性，选出最佳方案解决问题。操作步骤如图 8-2 所示。

	过去	现在	未来
超系统		3	
系统	4	1	5
子系统		2	

图 8-2 九屏幕法的分析方式

步骤 1：画出三横三纵的表格，将要研究的技术系统填入格 1；
步骤 2：考虑技术系统的子系统和超系统，分别填入格 2 和格 3；
步骤 3：考虑技术系统的过去和未来，分别填入格 4 和格 5；
步骤 4：考虑超系统和子系统的过去和未来，填入剩下的格中；
步骤 5：针对每个格子，考虑可用的各种类型资源；
步骤 6：利用资源规律，选择解决技术问题。

【例 8.1】 分析汽车爆胎问题

汽车发生故障,比如说汽车突然爆胎,这是一件很危险的事情,如果处理不当会引发较为严重的交通事故,造成人员伤亡。我们可以应用九屏幕法从时间和空间上考虑,查找问题出现的原因,寻求解决问题的方案,如图 8-3 所示。

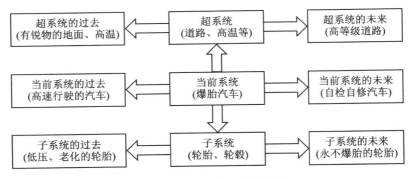

图 8-3 汽车爆胎问题的分析

我们以爆胎的汽车作为当前系统,汽车的轮胎、轮毂作为子系统,所行驶的道路和高温环境作为超系统,根据系统的分析,寻找汽车爆胎的原因,并找到相应的解决方案。

2. 九屏幕法的扩展

在经典创新思维方法中,九屏幕法的作用和地位是较高的,但是人们通常将九屏幕法定位为拓展思维的方法,随着理论的不断发展和解题工具的不断丰富,九屏幕法逐渐发展成为单独的解决技术问题的工具。同时九屏幕法引入了系统与反系统这一对立概念,使得很多问题得到解决。

九屏幕法中子系统、超系统不唯一,可以单独绘制,也可以一起绘制,形成扩展九屏幕法:

① 系统的过去、现在、未来并非一脉相承,是根据功能需求呈跳跃式发展状态,因此可以从系统的过去和未来寻找当前问题的答案;

② 系统是由子系统构成,也是超系统的一部分,解决当前系统问题可以从子系统和超系统获得直接资源或派生资源;

③ 资源挖掘要全面具体,循序渐进。

扩充九屏幕法(n 屏幕法)的引入与使用使得应用范围和分析方式有了很高的实用性,但是扩充九屏幕法在使用过程中需要使用者具有较强的 TRIZ 理论知识,这就造成其使用频率较低,但效果较好。虽然在现代 TRIZ 中已经弱化了九屏幕法在 TRIZ 理论体系中的地位,但是作为初、中级培训的主要内容,其仍受重视。

九屏幕法与技术系统进化法则相结合解决技术问题成为目前的主流方法,九屏幕法从某种程度上来看,是技术系统进化法则的一种表现形式,可利用技术系统进化法则对技术进行预测,运用九屏幕法对产品和技术的组成及超系统进行分析,最终得到解决方案。

随着 TRIZ 理论的不断发展，应用范围和领域逐步扩大，作为 TRIZ 理论的重要组成部分，九屏幕法的应用范围和领域也得到了逐步的扩大。目前除已运用到机械、制药、化工、冶金、材料等领域外，还逐步渗透到社会科学、管理科学等领域。相比较其他的如技术矛盾、物理矛盾、功能分析等 TRIZ 工具，九屏幕法的使用条件和分析过程没有较为严格的条件，使得九屏幕法的应用范围逐步扩大。

8.2 金鱼法

金鱼法源自俄罗斯普希金的童话故事《渔夫与金鱼的故事》，故事中描述了渔夫的愿望通过金鱼变成了现实，也映射金鱼法中，让幻想部分变为现实的寓意。所以，采用金鱼法，有助于将幻想式的解决构想转变成切实可行的构想。

金鱼法是 TRIZ 理论中一种克服思维惯性的方法，它从幻想式解决构想中区分现实和幻想的部分，再从幻想的部分继续分出现实与幻想两部分，反复进行这样的划分，直到问题的解决构想能够实现时为止，金鱼法的本质就是将幻想式的解决构想转变成切实可行的解决方案。

8.2.1 分析方式

1. 金鱼法的幻想分析方式

① 把问题分为幻想情境和现实部分，幻想情境 1－现实部分 1＝幻想情境 2，得到了剩余的幻想部分（幻想情境 2）；

② 幻想部分 2 中还没有现实的部分，幻想情境 2－现实部分 2＝幻想情境 3，得到了幻想部分 3；

③ 继而一直往下推论，直到找不出现实东西为止。

分析过程如图 8-4 所示。

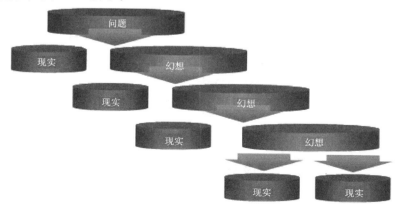

图 8-4　金鱼法分析方式

8.2.2 解题流程

金鱼法的解题流程如下：
① 首先将问题分解为现实部分和不现实部分；
② 幻想部分为什么不现实？
③ 在什么情况下，幻想部分可变为现实？
④ 确定系统、超系统和子系统的可用资源；
⑤ 利用已有的资源，基于之前的构思（第三步）考虑可能的方案。

金鱼法解题的具体流程如图 8-5 所示。

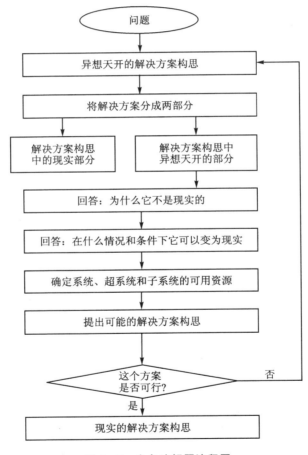

图 8-5 金鱼法解题流程图

【例 8.2】 训练长距离游泳的游泳池

运动员在普通游泳池进行游泳训练需要反复掉头转弯，若能单向、长距离游泳可提高训练效果，但这样需要建造像河流一样的超大型游泳池，不仅造价高，占地面积也不允许。若能在造价低廉的小型游泳池里进行单向、长距离游泳训练就好了,这显然不切实际,属于幻想式的解决构想,如图 8-6 所示。你能用金鱼法研究分析一下这个问题吗?

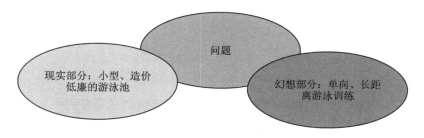

图 8-6　金鱼法-问题分解

步骤 1:将不现实的想法分为现实部分与幻想部分两个部分。
现实部分:小型、造价低廉的游泳池;幻想部分:单向、长距离的游泳训练。
步骤 2:提出问题,并回答问题,解释为什么幻想部分不可行。
运动员在小型游泳池内很快就能游到对岸,需要改变方向。
步骤 3:提出问题并回答问题,在什么条件下幻想部分可变为现实。
运动员体型较小、运动员游速极慢、运动员游泳时停留在同一位置,止步不前。
步骤 4:列出子系统、系统、超系统的可利用资源,如图 8-7 所示。

图 8-7　游泳池

超系统:天花板、空气、墙壁、游泳池的供排水系统;
系统:游泳池的面积、体积、形状;
子系统:池底、池壁、水。
步骤 5:从可利用资源出发,对情境加以改变,实现看似不可行的幻想部分。

在下列条件下可以实现幻想,即实现运动员游速极慢:

在游泳池内灌注黏性液体,从而降低游泳者的游动速度,增加负荷使其不能向前游动;

实现运动员游泳时停留在同一位置——借助供水系统的水泵,在游泳池内形成反方向流动水道,类似于跑步机,逆流游泳;

游泳池闭路式:形成环形泳道。

如图 8-8、图 8-9 所示。

图 8-8 逆流游泳

图 8-9 环形游泳池

8.3　STC 算子法

STC 算子法是一种非常简单的工具,通过极限思考方式想象系统,将尺寸、时间和成本因素进行一系列变化的思维实验,用来打破思维定势。STC 的含义分别是:S——尺寸、T——时间、C——成本,从尺寸、时间和成本三个方面的参数变化来改变原有的问题。工程师在解决技术问题时通常对系统已非常了解和熟悉,一般对研究对象有一种"定型"的认识和理解,而这种"定型"的特性在时间、空间和资金方面尤为突出。此种"定型"会在工程师的思维中建立心理障碍,从而妨碍工程师清晰、客观地认识所研究的对象。这种障碍对工程师的影响表现在:一是工程师所建立的思维结构可能与所解决问题的方法相差甚远;二是这种心理障碍会主观地过滤掉某些"所谓的与技术无关的问题,但实际上却非常重要的信息",并在此基础上加入"某些与技术问题实际上无关的信息,而又被工程师主观地认为很重要的信息",造成了解决问题的思路和寻找可利用的资源时走上了一条"不归路"。

8.3.1 目 的

应用STC算子法的目的有以下几个:

① 克服由于思维惯性的障碍,打破原有的思维束缚,将客观对象由"习惯"概念变为"非习惯"概念,在很多时候,问题的成功解决取决于如何动摇和摧毁原有的系统以及对原有系统的认识;

② 通过对尺寸、时间和成本三个纬度的分析,迅速发现对研究对象最初认识的误差;

③ 通过认识误差的分析,重新定位、界定研究对象,使"熟悉"的对象陌生化;

④ 用STC算子法思考后,可以在分析问题的过程中发现系统中存在的技术矛盾或物理矛盾,以便在后续的解题过程中予以解决,很多时候改变原来的思路就可以找到问题的解决方案。

8.3.2 分析过程

STC算子法就是对一个系统自身不同特性(尺寸、时间、成本)单独考虑,而不考虑其他的两个或多个因素。一个产品或技术系统通常由多个因素构成,单一考虑相应因素会得出意想不到的想法和方向。

应用STC算子法通常按照下列步骤进行分析。需要注意的是尺寸、成本和时间的内涵。尺寸:一般可以考虑研究对象的三个维度,即长、宽、高,但尺寸不仅包含上述含义,同时延伸的尺寸还包括温度、强度、亮度、精度等的大小及变化的方向,它不只是几何尺寸,而且还包含了可能改变任何参数的尺寸。时间:一般可以考虑是物体完成有用功能所需要的时间、有害功能持续的时间、动作之间的时间差等。成本:一般可以理解为不仅包括物体本身的成本,也包括物体完成主要功能所需各项辅助操作的成本以及浪费的成本。在最大范围内来改变每一个参数,只有问题失去物理学意义才是参数变化的临界值。需要逐步地改变参数的值,以便能够理解和控制在新条件下问题的物理内涵。

应用STC算子法通常按照下列步骤进行分析:

① 明确研究对象现有的尺寸、时间和成本;

② 想象对象的尺寸无穷大($S\to\infty$)、无穷小($S\to 0$)；
③ 想象过程的时间或对象运动的速度无穷大($T\to\infty$)，无穷小($T\to 0$)；
④ 想象成本（允许的支出）无穷大($C\to\infty$)、无穷小（$C\to 0$)；
⑤ 以求打破固有的对物体的尺寸、时间、成本的认识，突破思维定势，产生更好的创新效果。

这些试验或想象在某些方面是主观的，很多时候它取决于主观想象力、问题特点及其他一些情况。然而，即使是标准化地完成这些试验也能够有效消除思维定势。

8.3.3 技　巧

技巧分为：
① 每个想象试验要分步递增、递减，直到物体新的特性出现；
② 不可以还没有完成所有想象试验，担心系统变得复杂而提前中止；
③ 使用成效取决于主观想象力、问题特点等情况；
④ 不要在试验的过程中尝试猜测问题最终的答案。

8.3.4 使用STC算子法思考问题时经常出现的错误

有效、正确使用TRIZ工具是解决技术问题的关键，在使用STC算子法时，工程师容易出现错误，应当在使用过程中尽可能地避免错误的出现，为解决技术问题奠定良好的基础。

在使用STC算子法时，工程师容易出现的几种错误：
① 对技术系统的定义和界定不清楚导致在后续的步骤中与研究对象不统一，同时不应该改变初始问题的目标；
② 对研究对象的三个特性，即尺寸、成本、时间的定义不清楚，造成后续分析问题时没有找到解决问题的方向；
③ 需要对每个想象试验分步递增、递减，直到物体新的特性出现，为了更深入地观察到新特性是如何产生的，一般每个试验分步长进行，步长为对象参数数量级的改变（10的整数倍）；
④ 不能在没有完成所有想象试验时，担心系统变得复杂而提前中止；
⑤ STC算子法使用的成效取决于主观想象力、问题特点等情况，需要充分拓展思维，改变原有思维的束缚，大胆地展开想象，不能受到现有环境的限制；
⑥ 不能在试验的过程中尝试猜测问题最终的答案。

STC算子法一般不会直接获取解决技术问题的方案，但它可以让工程师获得某些独特的想法和方向，为下一步应用其他TRIZ工具寻找解决方案做准备。

【例8.3】　对船的海锚的STC思维试验

船的海锚如图8-10所示。研究对象：船、锚、水和海底，对尺寸、时间和成本三个方面的参数进行一系列变化的思维试验。当前：假设船身长100 m，吃水量10 m，船距海底 1 km,锚放到海底需 30 min 的时间。

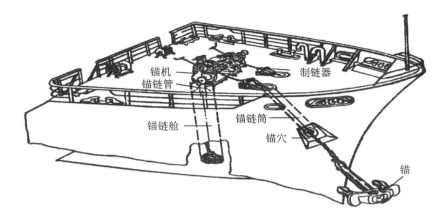

图 8-10 船的海锚

1. 在尺寸方面

试验 1：尺寸 $S\rightarrow\infty$ 把船的尺寸增加为原来的 100 倍,变为 10 km,这时船底已经触到海底了,船沉到了海底,也就不需要海锚了。

试验 2：尺寸 $S\rightarrow 0$ 如果船的尺寸缩小为原来的 1/1 000,变为 10 cm,船变得太小了(如同一块小木片),缆绳的长度和重量远远超过小船的浮力,船将无法控制并将会沉没。

2. 在时间方面

试验 3：时间 $T\rightarrow\infty$ 当时间为 10 h 的时候,锚下沉得很慢,可以很深地嵌入海底,打下扎到海底的桩子。有一种旋进型的锚,在美国已获得专利,称为振动锚,电动机的振动将锚深深地嵌入海底(系留力是锚自重的 20 倍)。但这种方法不适用于岩石海底。

试验 4：时间 $T\rightarrow 0$ 如果把时间缩减为原来的 1/100,就需要非常重的锚,使它能够快速地沉降到海底。如果时间缩减为原来的 1/1 000,锚就要像火箭一般沉入海底。如果缩减为原来的 1/10 000,那么只能利用爆破焊接,将船连接到海底了。

3. 在成本方面

试验 5：成本 $C\rightarrow\infty$ 如果允许不计成本,就可以使用特殊的方法和昂贵的设备(用白金做锚,利用火箭、潜水艇和深海潜箱)。

试验 6：成本 $C\rightarrow 0$ 如果需要的成本为零,那就利用不需要花费成本,即现有的环境资源——海水。如果可行的话,则可以被认为是最好的方法。

4. 得出解决方案

用一个带制冷装置的金属锚,锚重 1 t,制冷功率 50 kW/h,1 min 后,锚的系留力可达 20 t,10～15 min 后可达 1 000 t(苏联专利 NO:1134465)。

【例8.4】 苹果采摘

使用活梯来采摘苹果是常规方法,但是这种方法劳动量大、效率低。如何让采摘苹果变得更加方便、快捷和省力呢?

我们可以应用STC算子法沿着尺寸、时间、成本三个方向来做六个维度的发散思维尝试,如图8-11所示。

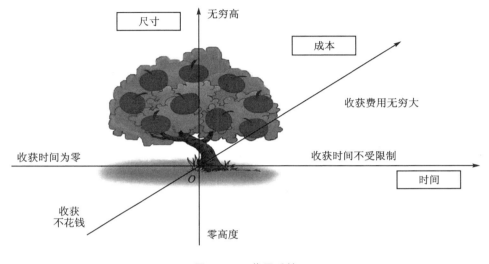

图8-11 苹果采摘

可能改进的方案如下:

步骤1:明确苹果树现有的尺寸、时间和成本。

明确苹果树的高度、苹果树的收获时间,以及苹果树的收获成本。

步骤2:假设苹果树的尺寸趋于零高度。

这种情况下不需要活梯,其中一种解决方案就是种植低矮的苹果树。

步骤3:假设苹果树的尺寸趋于无穷高。

将这种方法转移到常规尺寸的苹果上,我们可以将苹果树整形成梯子形树冠,这样就可以代替活梯。

步骤4:如果要求收获的时间趋于零。

这种情况下要保证苹果在同一时间落地,可以借助于轻微爆破或压缩空气喷射来实现。

步骤5:如果收获的时间不受限制。

这种情况下没有必要采摘苹果,任由苹果自由落地而无损坏就好了。因此,可以采用在果树下铺设草坪或松软的土层,防止苹果落地摔伤,还可以具有一定倾斜度,使苹果滚动至某一位置,然后集中。

步骤6:假设收获的成本费用要求很低。

让苹果自由掉落,这样花费的成本趋于零。

步骤7:假设收获的成本费用不受限制。

我们可以采用昂贵的设备,如发明一台苹果采摘机器人,这样可以进行机械化的操作。

STC算子法虽然不能够直接提供解决问题的方案,但是可以为解决问题提供方向,尤其是面对问题"没有任何方向"时,可以利用该方向扩展思路、拓宽思维。STC算子法通过进一步激化问题,寻找产生质变的临界范围,虽然STC算子法规定了从尺寸、时间、成本三个特性改变原有的问题,但在实际使用过程中可不受三个纬度的约束,可根据技术问题的特点和需求,在其他方面,如空间、速度、力、面积等方面展开极限思维。该方法本身是为了达到克服思维惯性的目的,使用者需要开拓思维,不能从一种思维惯性到达另外一种思维惯性。

8.3.5 STC算子法的作用

应用STC算子法不是为了获得问题的答案,而是为了解放思路,为下一步需求找到解决方案做准备,用STC算子法思考后,可以发现系统中的技术矛盾或物理矛盾,并用物场模型来解决和克服思维定势,改善思维方式,突破思维定势,找到新的思考角度,迈出新的第一步,寻找更多可利用的资源进行创新思维训练,打破原有惯性。

8.4 资源分析法

理想的系统需要资源,为了能够达到目标中的任何一个目标,系统难免选择出最有效的方法。必要的资源需要寻找或创造。在需要的时候,系统会有能力利用全部常识和周围环境选择正确的资源。在发明创造设计过程中,可用系统资源起着重要作用,问题的解越接近理想解,系统资源就越重要。只有具备并使用资源才能解决所有问题,使用技术资源是提高理想度最重要的手段之一。

TRIZ理论认为:解决发明问题必须指明"给定的条件"和要求"应得的结果",发明创造的过程就是从分析发明情景开始,包括技术、生产、研究、生活、军事等各种资源情景,对系统资源分析得越详细、越深刻,就越能接近问题的理想解。

资源就是一切可被人类开发和利用的物质、能量和信息的总称。TRIZ理论要求问题的解决者在应用其理论解决问题时要全面详细地考察并列出系统涉及的所有资源。这一点非常重要,可以这样认为,解决问题的实质就是对资源的合理应用。任何系统,只要还没有达到理想解,就应该具有可用资源。对资源进行分类,详细分析,深刻理解,对设计人员是十分必要的。

设计中的产品是一个系统,任何系统都是超系统中的一部分,超系统又是自然的一部分。在设计过程当中,合理地利用资源可使问题的解更容易接近理想解,如果利用了某些资源,还可能取得附加的、未曾设想的效益。系统在特定的空间与时间中存在,要

由物质构成,要应用场来完成某种特定的功能。按自然、空间、时间、系统、物质、能量、信息和功能可将资源分为八类,分别是:

① 自然或环境资源:自然界中任何存在的材料或场;

② 时间资源:没有充分利用或根本没有利用的时间间隔,它存在于系统启动之前、工作之后、两个循环之间的时间;

③ 空间资源:系统及周围可用的闲置空间;

④ 系统资源:当改变子系统之间的连接、超系统引进新的独立技术时,所获得的有用功能或新技术,资源依据其在系统中的作用又可分为内部资源(在矛盾发生的时间、区域内部存在的资源)和外部资源(在矛盾发生的时间、区域外部存在的资源);

⑤ 物质资源:系统内及超系统的任何材料或物质;

⑥ 能量(场)资源:系统中或超系统中任何可用的能量或场;

⑦ 信息资源:系统中任何存在或是能产生的信号,系统中累积的任何知识、信息、技能;

⑧ 功能资源:系统或是环境能够实现辅助功能的能力,利用系统的已有组件,产生新的功能。

资源分析

资源分析是对理想的资源,即无限的、免费的资源的分析利用,系统化地考虑可用的资源,因而直接触发解决问题的创新灵感。

资源分析基本原则如下:

① 将所有的资源首先集中于最重要的子系统中;

② 合理地、有效地利用资源,不可造成浪费;

③ 将资源集中到特定的时间和空间;

④ 利用其他过程中损失或浪费的资源;

⑤ 与其他子系统分享有用资源,动态地调节这些子系统;

⑥ 根据子系统隐含的功能,利用其他资源;

⑦ 对其他资源进行变换,使其成为有用资源。

资源分析具体流程如图8-12所示。

【例8.5】 如何使凉伞产生风

夏天的太阳灼人,人们通常用凉伞遮阳。不过很多人希望凉伞除了能用来遮阳以外,还希望凉伞可以有风。那如何解决这一问题呢?

应用资源分析如下:

步骤1:可用资源分析。

凉伞实体:伞面、伞柄等;环境:阳光,阳光照射产生的温度场等,以及持伞的人。

步骤2:解决方案。

例如,利用太阳能资源,通过太阳能电池提供电源,由小电机带动电风扇供风;如利

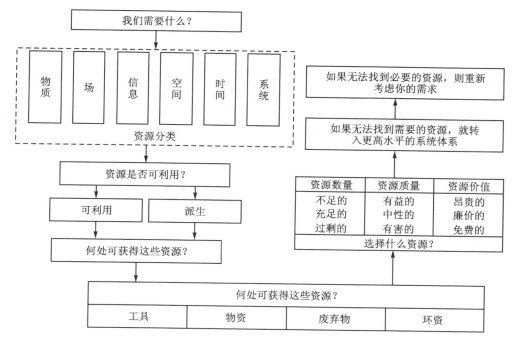

图 8-12 资源分析流程图

用温度场产生空气对流以形成风；如利用持伞之人的手手动产生风。图 8-13 所示为带风扇的帽子。

图 8-13 带风扇的帽子

8.5 小人法

小人法也被称为小矮人模型,是指当系统内的部分物体不能实现必要的功能和任务时,就用多个小人分别代表这些物体,而不同小人表示执行不同的功能或具有不同的矛盾,重新组合这些小人,使它们能够发挥作用,执行必要的功能。

任何技术系统存在的目的都是为了完成某项或多项特定的功能,当系统内出现问题(矛盾或冲突)时,为了克服工程师在解决问题时的思维惯性,使问题更好地解决,阿奇舒勒创立了"聪明的小矮人法"。当系统内的某些组件不能完成其必要的功能,并表现出相互矛盾的作用时,可利用小人法解决问题。小人法是用一组小人来代表这些不能完成特定功能的部件,通过能动的小人,实现预期的功能。然后,根据小人模型对结构进行重新设计。

按照常规思维,在解决问题时通常选择的策略是从问题直接到解决方案,而这个过程采用的手段是在原因分析的基础上,利用试错法、头脑风暴法等得到解决方案。这种策略常常会导致形象、专业等思维惯性的产生,解决问题的效率较低。而小人法解决问题的思路是将需要解决的问题转化为小人问题模型,利用小人问题模型产生解决方案模型,最终产生待解决问题的方案,有效规避了思维惯性的产生以及克服了对此类问题原有的思维惯性。而这种解决问题的思路贯穿在整个 TRIZ 理论体系中,如技术矛盾、物场模型、物理矛盾、知识库等工具都采用此类解决策略。

8.5.1 应用目的及步骤

1．应用目的

应用目的如下:
① 克服由于思维惯性导致的思维障碍;
② 提供解决矛盾问题的思路。

2．应用步骤

应用具体步骤如下:
① 把对象中各部分想象成一群一群的小人(当前怎样);
② 把小人分成按问题条件而行动的组;
③ 研究得到的问题模型(有小人的图)并对其进行改造,以便实现解决矛盾(应该怎样,即打乱分组);
④ 过渡到技术解决方案(实际应该怎样)。

8.5.2 应用时的作用及常见错误

长期的实践和应用经验表明,在应用小人法时经常会出现下列错误:一是将系统的组件用一个小人、一行小人或一列小人表示,小人法要求需要使用一组或一簇小人来表示。小人法的目的是打破思维惯性,将宏观转化为微观,如果使用一个小人表示,达不到克服思维惯性的目的。二是简单地将组件转化为小人,没有赋予小人相关特性,使应用者面对"小人图形"模棱两可,无法解决问题。需要根据小人执行的功能和问题环境给予小人的一些特性,可以有效地通过联想得到解决方案。

小人法的应用重点、难点在于小人如何实现移动、重组、裁剪和增补,这也是小人法的应用核心。其变化的前提是必须根据执行功能的不同给予小人一定的人物特征,才能实现问题的解决,而激化矛盾有利于小人的重新组合。

1. 作 用

作用主要有两个:

① 更形象生动地描述技术系统中出现的问题。

② 通过用小人表示系统,打破原有对技术系统的思维定势,更容易地解决问题,获得理想解决方案。

2. 常见错误

常见错误主要有两个:

① 画一个或几个小人,不能分割重组;

② 画一张图,无法体现问题模型与方案模型的差异。

【例8.6】 解决在行驶的汽车中喝热饮的问题

当在行驶的汽车中喝热饮料(茶、咖啡)时,饮料洒出并烫伤乘客是完全有可能的。对装有饮料的杯子的矛盾要求是:一方面,杯子必须让液体能自由流出供人饮用;另一方面,在杯子翻倒时,它又要留住液体,不致烫伤他人。是什么使该问题如此难以求解?主要是因为人们在心理上默认杯子是由不能改变的固体材料制成的。

系统的组成部分:热饮、杯子、杯子上方的空气。

现状:汽车行驶时,喝热饮容易使人烫伤。

解题思路:用多个小人表示执行不同功能的组件,然后重新组合这些小人,使小人发挥作用。反过来再将小人固化成具有某种功能的组件,解决实际问题。具体步骤如下:

步骤1:把对象中各个部分想象成一群一群的小人(当前怎样)。

将这一矛盾视为一个系统,这一系统分布着多个小人。

步骤2:把小人分成按问题条件而行动的组(分组)。

按照各自功能指向,将这些小人进行分类组合。假设液体是小黑人,杯子壁是小白人,杯子上方的空气是小灰人。当杯子翻倒时,小黑人可移动,比小灰人强壮,不受小白人约束,可同时离开杯子。

步骤3:研究得到的问题模型(有小人的图)并对其进行改造,以便实现解决矛盾(应该怎样,即打乱重组)。

回答如何使小灰人发挥作用,解决矛盾。可以让小黑人分小组离开杯子,但不能让它们同时离开。由于小黑人与小灰人都是可移动的,不能阻止小黑人移动,因而只有小白人能执行此功能。将小黑人重新排列,以便于小黑人分小组离开,但不允许同时离开,因此,小白人应该构成狭窄的过道,以便于小黑人一个个通过。

步骤4:过渡到技术解决方案(实际应该怎样)。

可以在杯子上设置数层环形薄膜,薄膜在杯子翻倒时会改变自身的倾角。在薄膜上开出小孔,以便于少量的液体流出供人饮用。实际生活中,有些热饮杯是在杯边缘处有一个小嘴,这样流出的水较少,不容易倾洒出来。

【例8.7】 水计量计

当水量到达计量值时,由于重力作用,左端下沉,排出计量水量。问题:水计量计中的水没有办法完全排除,导致计量不准确,如图8-14所示。

图 8-14 水计量计

系统的组成部分:水,计量水槽。用小人表示各组成部分:红色小人——水,黑色小人——水槽重心,如图8-15所示。

图 8-15 小人法设计

当前的状况如图8-16所示。

小人怎么办,才能得到期望的结果? 红色小人要都跳下去,考虑跷跷板的原理,如图8-17所示。

根据小人法图示,考虑实际的技术方案:可变重心的计量水槽,如图8-18所示。

图 8-16 当前的状况

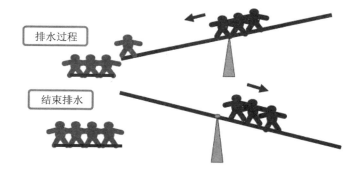

图 8-17 跷跷板的原理

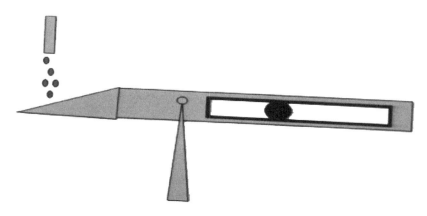

图 8-18 可变重心的计量水槽

通过小人法更形象生动地描述技术系统中出现的问题,通过用小人表示系统,打破原有对技术系统的思维定势,更容易地解决问题,获得理想的解决方案。能动小人的引入,突破了思维定势,思考的过程由一个人的思考变为两或多人的思考,解题思路得到进一步的拓广。

8.6 IFR 法

1. 最终理想解(IFR,Ideal Final Result)

产品或技术按照市场需求、行业发展、超系统变化等,随着时间的变化无时无刻都处于进化之中,进化的过程就是产品由低级向高级演化的过程。如果将所有产品或技术作为一个整体,从历史曲线和进化方向来说,任何产品或技术的低成本、高功能、高可靠性、无污染等都是研发者追求的理想状态,那么产品或技术处于理想状态的解决方案可称之为最终理想解。

创新过程从本质上说是一种追求理想化的过程。TRIZ 理论中引入了"理想化"、"理想度"和"最终理想解"等概念,目的是进一步克服思维惯性,开拓研发人员的思维,拓展解决问题可用的资源。应用 TRIZ 理论解决问题之始,要求使用者先抛开各种客观限制条件,针对问题情境,设立各种理想模型,可以是理想系统、理想过程、理想资源、理想方法、理想机器、理想物质。通过定义问题的最终理想解,以明确理想解所在的方向和位置,保证在问题解决过程中沿着此目标前进并获得最终理想解,从而避免了传统创新设计和解决问题时缺乏目标的弊端,提升解决问题的效率。

TRIZ 理论创始人阿奇舒勒对最终理想解做出了这样的比喻:"可以把最终理想解比做绳子,登山运动员只有抓住它才能沿着陡峭的山坡向上爬,绳子自身不会向上拉他,但是可以为其提供支撑,不让他滑下去,只要松开,肯定会掉下去。"可以说最终理想解是 TRIZ 理论解决问题的"导航仪",是众多 TRIZ 工具的"灯塔"。在 TRIZ 理论中,最终理想解是指系统在最小程度改变的情况下能够实现最大程度的自服务(自我实现、自我传递、自我控制等)。

在解决问题之初,首先抛开各种客观限制条件,通过理想化来定义问题的最终理想解,以确定理想解的方向和位置,保证在问题解决过程中沿着此目标前进并获得最终理想解,从而避免了传统创新设计方法中缺乏目标的弊端,额外提升了创新设计的效率。

根据阿奇舒勒的描述,最终理想解应当具备以下四个特点,在确定最终理想解之后,可用四个特点检查其有无不符合之处,并进行系统优化,以确认达到或接近最终理想解为止。

① 最终理想解保持了原有系统的优点。在解决问题的过程中不能因为解决现有问题而使原系统的优点得到抹杀,原系统的优点通常是指低成本、能够完成主要功能、低消耗、高度兼容等。

② 消除了原系统的不足。在解决问题的过程中能够有效避免原系统存在的问题、不足和缺点,没有消除系统不足的不能称之为最终理想解。

③ 没有使系统变得更复杂。面对技术问题时,可能有成百上千的方案可以解决技术问题,如果使得原有的系统更加复杂可能带来更多的次生问题,如成本的上升、子系

统之间协调难度的增加、系统可靠性的降低等,就不能称为最终理想解。而TRIZ理论的重要思想是应用最少的资源、最低的成本解决问题。

④ 没有引入新的缺陷。解决问题的方法如果引入了新的缺陷,则需要再进一步解决新的缺陷,此举得不偿失。

因此,如果解决方案能够满足上述特点,就可称为最终理想解。

8.6.1 理想化和理想度

在TRIZ理论中,同时引入了"理想化""理想度""最终理想解"等概念,工程师在使用过程中容易混淆。理想化是描述系统处于理想中的一种状态,可以是理想系统、理想过程、理想资源、理想方法、理想机器、理想物质。理想系统是没有实体、没有物质,也不消耗能源,但能实现所有需要的功能。理想过程是只有过程的结果,而无过程本身,突然就获得了结果。理想资源是存在无穷无尽的资源,供随意使用,而且不必付费。理想方法是不消耗能量及时间,但通过自身调节,能够获得所需的功能。理想机器是没有质量、体积,但能完成所需要的工作。理想物质是没有物质,功能也能得以实现。

而理想度是衡量理想化水平的标尺。一个技术系统在实现功能的同时,必然有两个方面的作用,即有用功能与有害功能,理想度通常是指有用功能与有害功能和成本之和的比值。

最终理想解是一种解决技术系统问题的具体方法或者是技术系统最理想化的运行状态。因此,最理想化的技术系统应该是:没有实体和能源消耗,但能够完成技术系统的功能,也就是不存在物理实体,也不消耗任何的资源,但是却能够实现所有必要的功能,即物理实体趋于零,功能无穷大,简单说,就是"功能俱全,结构消失"。最终理想解是理想化水平最高、理想度无穷大的一种技术状态。

因此,理想化是技术系统所处的一种状态,理想度是衡量理想化的一个标志和比值,最终理想解是在理想化状态下解决问题的方案。

1. 最理想的状况

最理想的状况有以下三种:
① 资源的耗费为0;
② 有害作用为0;
③ 有用功能为无限大。

2. 理想化

在解决发明问题的过程中,虽然无法确定如何消除矛盾,但总有可能归纳出理想化的解决方案,得到一个理想化的最终结果。

3. 理想度

系统的理想化一般用理想度来进行衡量。

理想度公式为

$$I = \frac{\sum B}{\sum H}$$

式中,I(Ideality)——理想度;
B(Benefits)——有用功能;
H(Harm)——有害功能。

8.6.2 理想化的两种方法

1. 部分理想化

部分理想化是指在选定的原理上考虑通过各种不同的实现方式使系统理想化,是创新设计中最常用的理想化方法,贯穿于整个设计过程中。

部分理想化常用的六种模式(如图 8-19 所示)为:
① 加强有用功能;
② 降低有害功能;
③ 功能通用化;
④ 增加集成度;
⑤ 个别功能专用化;
⑥ 增加柔性。

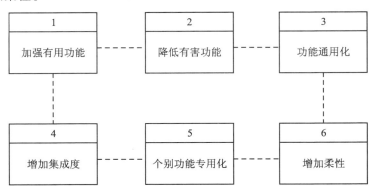

图 8-19 部分理想化常用的六种模式

2. 全部理想化

全部理想化是指对同一功能通过选择不同的原理使系统理想化,它是在部分理想化尝试失败无效后才考虑使用。

全部理想化常用的四种模式:
① 功能的剪切;
② 系统的剪切;
③ 原理的改变;
④ 系统替换。

8.6.3 IFR 法的流程

确定 IFR 法的流程如图 8-20 所示。

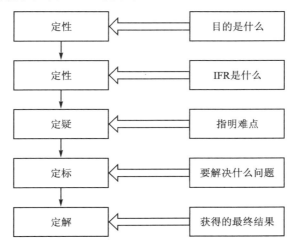

图 8-20 确定 IFR 法的流程图

在具体的应用过程中,最终理想解能够发挥以下作用:

① 明确解决问题的方向。最终理想解的提出为解决问题确定了系统应当达到的目标,然后通过 TRIZ 中的其他工具来实现最终理想解。

② 能够克服思维惯性,帮助使用者跳出已有的技术系统,在更高的系统层级上思考解决问题的方案。

③ 能够提高解决问题的效率,最终理想解形成的解决方案可能距离所需结果更近一些。

④ 在解题伊始就激化矛盾,打破框架、突破边界、解放思想,寻求更睿智的解。

【例 8.8】 兔子吃草问题

农场主有一大片农场,放养大量的兔子。兔子需要吃到新鲜的青草,农场主不希望兔子走得太远而照看不到,也不愿意花费大量的劳动割草运回来喂兔子,这难题如何解决?

步骤 1:设计的最终目的是什么?

兔子能够吃到新鲜的青草。

步骤 2:IFR 是什么?

兔子永远自己能吃到青草。

步骤 3:达到 IFR 的障碍是什么?

为防止兔子走得太远照看不到,农场主用笼子放养兔子,但放养兔子的笼子不能移动。

步骤 4:出现这种障碍的结果是什么?

由于笼子不能移动,兔子只能吃到笼子下面面积有限的草,短时间内,草就会被吃光。

步骤5:不出现这种障碍的条件是什么?

笼子下永远有青草。

步骤6:创造这些条件时可用的资源是什么?

兔子、笼子、草。

最终得到的解决方案:给笼子装上轮子,兔子自己推着笼子移动,不断地获得青草。这个解决方案完全符合IFR的四个特点。这里解决问题的资源是兔子本身,它会自动找青草吃。

【例8.9】 一磅金子

在一个实验室里,实验者在研究热酸对多种金属的腐蚀作用,他们将大约20种金属的实验块摆放在容器底部,然后泼上酸液,关上容器的门并开始加热。实验持续约2周后,打开容器,取出实验块在显微镜下观察表面的腐蚀程度。

"真糟糕,"实验室主任说,"酸把容器壁给腐蚀了"。

"我们应该在容器壁上加一层耐酸蚀的材料,比如金子。"一位实验员说,"或者白金。"另一位实验员说。

"不行的,"主任说,"那需要大约1磅的金子,成本太高了!"突然,发明家诞生了!

"为什么一定要用金子呢?"发明家说,"让我们看一下这个问题的模式来找到理想答案"。

从理想设计角度出发,容器是一个辅助子系统,可以剪切。但是,溶液如何盛装呢?从理想化的几个方向看,容器功能可由实验中的实验块承担:将待实验块做成中空的,像杯子那样,实验后观测酸液对杯壁的腐蚀程度即可获得实验结果。

在应用最终理想解的过程中需要注意几个问题:

① 对最终理想解的描述。阿奇舒勒在多本著作中提出,最终理想解的描述必须加入"自己""自身"等词语,也就是说需要达到的目的、目标、功能等在不需要外力、不借助超系统资源的情况下完成,是一种最大程度的自服务(自我实现、自我传递、自我控制等)。此种描述方法有利于工程师打破思维惯性,准确定义最终理想解,使解决问题沿着正确的方向进行。

② 最终理想解并非是"最终的",根据实际问题和资源的限制,最终理想解有最理想、理想、次理想等多个层次,当面对不同的问题时,根据实际需要进行选择。如在例8.9中,对于合金抗腐蚀能力的测试问题,最理想的状态是没有测量的过程,就能够知道抗腐蚀能力;理想状态是在不采用贵金属、不经常更换容器的前提下准确测量出合金的抗腐蚀能力;次理想是不经常更换容器的条件下准确测试出合金的抗腐蚀能力。在不同的理想状态下所采取的策略有所不同。

③ 在应用最终理想解的过程中是一个双向思维的过程,从问题到最终理想解,从最终理想解到问题,对于最理想的最终理想解可能达不到,但这是目标,通过达到次理

想的最终理想解、理想的最终理想解的方式最终达到最理想的最终理想解。

8.7 因果分析法

在应用 TRIZ 理论解决问题的过程中，首先需要明确技术问题本身，对所面对的初始问题进行分析和梳理，初步确定需要解决的问题。明确解决问题后，需要梳理清楚造成该问题出现的原因。目前能够满足分析因果关系的工具有很多种，常见的因果分析方法有因果链分析法、5W 分析法、鱼骨图分析法等。

8.7.1 因果链分析法

因果链分析是一种识别解析工程系统关键原因的分析手段。它是通过建立因果链的缺陷而完成的，将目标问题和关键原因联系起来。相比其他 TRIZ 工具，因果链分析具有其明显的特点。

① 因果链分析虽然有较为明确的步骤和算法，但由于应用者的专业知识不同、分析问题的思维角度不同、出发点不同，往往分析的结果不同；

② 因果链分析是其他 TRIZ 解决问题的基础，只有通过因果链分析得到关键问题后才能进行解决；

③ 因果链分析是为了搜索识别目标问题的关键原因，通过解决关键原因可消除目标问题。而关键原因通常没有被明确地表示出来，需要通过不断的分析才能寻找到。

因果链分析法与其他工具相比，重点是在操作区域、系统内分析问题的原因，多数情况下一般不分析制度、人、环境等超系统因素，具有很强的实用性。因为相比超系统而言，系统具有较强的可控性和可改变性，对于解决问题有很强的现实性。

因果链分析在运用现代 TRIZ 解决问题的过程中处于非常重要的地位。在 TRIZ 工具的应用流程中，通常有两种方式：

① 面对技术问题，在初始问题形势分析的基础上，对确定的问题进行因果链分析，找出造成问题出现的根本原因或关键原因，针对这些关键原因再利用其他 TRIZ 的工具进行分析和解决，如利用功能分析、技术矛盾、物理矛盾等。

② 面对问题在初始问题形势分析的基础上开展功能分析、流分析后，针对分析结果中的不足作用、有害作用再应用因果链分析，寻找造成不足或有害作用的原因。在这两种不同的分析方式中，因果链分析都发挥着重要的作用。

1. 因果轴的分析步骤

因果轴的分析步骤如下：

① 原因轴分析：了解事件的根本原因，确定解决问题的最佳时间点；

② 结果轴分析：了解问题可能造成的影响，并寻找可以掌控结果发生、蔓延的时机和手段。

2. 目的和作用

因果链分析是通过分析造成问题出现的原因,并对原因进行层层分析并构建因果链条,指出事件发生的原因和导致的结果的分析方法。因果链分析通常由若干条链条组成。应用因果链分析主要有以下几个目的:

① 通过分析,寻找问题产生的关键原因。如果仅仅只是消除目标问题,所造成的问题会更为严重,因为问题仍然存在,但是识别、辨认和监控目标问题却不再容易。消除第一层或高层次原因时,或许固然可以短期缓解问题,但随着时间的推移,目标问题却往往会以其他问题的形式逐步显现出来。而消除目标问题的关键原因后可以使目标问题不再出现。

② 通过建立因果链条,可以分析链条中产生目标问题以及原因发展中的逻辑关系,寻找链条中的薄弱点和易控制点,在难以控制关键原因时可以选择其他原因节点攻克目标问题。

③ 通过选择链条中的节点为解决问题寻找入手点,尽可能地采取对系统最小的改变,利用最小的成本完成解决问题的目的。

④ 为其他 TRIZ 工具的应用奠定基础,在因果链分析的基础上,针对关键链条可以转化为技术矛盾、物理矛盾、物场模型等工具进行解决,更有针对性地解决问题。

3. 注意事项

因果链分析应用时的注意事项如下:

① 如果因果关系不能确定,则应增加其他方法进行分析,如定性分析或定量分析;

② 如果同一个结果有多个原因,则应该分析这些原因与造成的问题之间,以及原因之间的关系,通常只有一个是原因,其他是导致结果出现的条件;

③ 有时从一个实际问题开始进行结果轴分析,其严重后果是显而易见的,所以就不再需要继续分析结果轴了。

8.7.2 5W 分析法

所谓 5W 分析,也称"5 - Why",也就是对一个问题点连续以 5 个"为什么"来自问,以追究其真正原因。"5 - Why",名称虽为 5 个为什么,但使用时不限定只做"5 次为什么的探讨",必须找到真正原因为止,有时可能只要 3 次,有时也许要 10 次。

5W 分析法是一种以不断问"为什么"来寻找现象的根本原因的方法,这种方法是对现象发生的可能原因进行分析,在事实的基础上寻找根本原因的分析方法。

1. 分析步骤

5W 的分析步骤如下:

① 在方法的第一步中,你开始了解一个可能大、模糊或复杂的问题。你掌握一些信息,但一定没有掌握详细事实。

② 此步骤是澄清问题。目的是得到更清楚地理解。

③ 在这一步,如果必要,可将问题分解为小的、独立的元素。

④ 现在,焦点集中在查找问题原因的实际要点上,你需要追溯了解第一手的原因要点。
⑤ 要把握问题的倾向。
⑥ 识别并确认异常现象的直接原因。

2. 注意事项

应用 5W 分析法时应注意的事项如下:
① 所找的原因必须建立在事实基础上,而不是猜测、推测、假设的。
② 阐明现象时为避免猜测,需到现场去查看现象。

8.7.3 鱼骨图分析法

鱼骨图分析法是把问题以及原因采用类似鱼骨的图样串联起来,以此来发现问题的根本原因的方法。

鱼骨图分析法的具体步骤:
① 特性:指某种现象或待解决的问题,画在鱼骨图的最右端;
② 主骨(即主刺):画在特性的左端,可用粗线表示;
③ 要因:一般鱼骨图有 3~6 个要因,并用大骨将要因和主骨连接起来。

8.7.4 要因的确定方法

召开头脑风暴研讨会,在最初的草案阶段,对于制造类鱼骨图的大骨通常采用 6M 确定要因:6M 是指人员(Man)、测量(Measurement)、环境(Mother-nature)、方法(Methods)、材料(Materials)、机器(Machine),如图 8-21、图 8-22 所示。

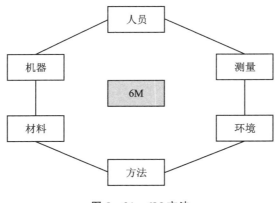

图 8-21 6M 方法

【例 8.10】 5W 分析法应用示例:丰田汽车生产线停机问题

丰田汽车公司前副社长大野耐一先生,曾举了一个例子来找出生产线停机的真正原因。

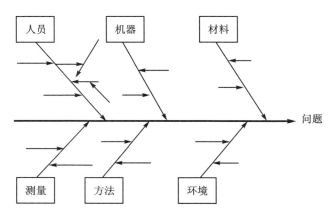

图 8-22　6M 方法常规鱼骨图

有一次,大野耐一发现一条生产线上的机器总是停转,虽然修过多次但仍不见好转。于是,大野耐一与工人进行了以下的问答:

① 问:"为什么机器停了?"
　　答:"因为超过了负荷,保险丝就断了。"
② 问:"为什么超负荷呢?"
　　答:"因为轴承的润滑不够。"
③ 问:"为什么润滑不够?"
　　答:"因为润滑泵吸不上油来。"
④ 问:"为什么吸不上油来?"
　　答:"因为油泵轴磨损、松动了。"
⑤ 问:"为什么磨损了呢?"
　　答:"因为没有安装过滤器,混进了铁屑等杂质。"

经过连续五次不停地问"为什么",才找到问题的真正原因和解决的方法,在油泵轴上安装过滤器。

【例 8.11】　纪念堂外墙的腐蚀问题

杰斐逊和林肯纪念堂的外墙都是由花岗岩制成的,但杰斐逊纪念堂脱落和破损严重,推倒重建,这要花纳税人一大笔钱,如图 8-23 所示。通过因果分析法找出最优的突破点,具体分析解决流程如图 8-24 所示。

最终得到最优的解决方案:拉上窗帘!

习题:

(1) 简述什么是九屏幕法及其操作流程。
(2) 利用九屏幕法来分析测量毒蛇的长度。
(3) STC 算子法包括哪些流程,使用时应该注意什么?

图 8-23 杰斐逊纪念堂

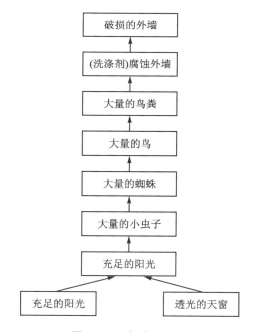

图 8-24 解决流程图

(4) 用金鱼法分析如何让毯子飞起来。
(5) 什么是小人法,小人法的具体步骤有哪些?
(6) 理想化的方法有哪些?
(7) 什么是资源分析,应该有哪些基本原则?
(8) 简述什么是因果轴分析,它的目的是什么。
(9) 简述什么是鱼骨图分析,它有什么特性。

参考文献

[1] 檀润华. TRIZ及应用——技术创新过程与方法[M]. 北京:高等教育出版社,2018.

[2] 创新方法研究会中国21世纪议程管理中心. 创新方法教程(初级)[M]. 北京:高等教育出版社,2020.

[3] 孙永伟. TRIZ打开创新之门的金钥匙[M]. 北京:科学出版社,2019.

[4] 李梅芳. TRIZ创新思维与方法理论及应用[M]. 北京:机械工业出版社,2018.

[5] 周苏,张丽娜,陈敏玲. 创新思维与TRIZ创新方法[M]. 北京:清华大学出版社,2018.

[6] 冯林. 大学生创新基础[M]. 北京:高等教育出版社,2018.

[7] 博赞 东尼,博赞 巴利. 思维导图[M]. 北京:化学工业出版社,2020.

[8] 德博诺 爱德华. 六项思考帽——如何简单而有效地思考[M]. 北京:中信出版社,2016.